数据驱动的铁路大风预警理论、技术与实践

米希伟　著

人民交通出版社股份有限公司
北　京

内 容 提 要

本书系统介绍了数据驱动的铁路大风预警相关理论、技术及实践，内容共分为5章。第1章阐述了背景与研究现状，介绍了铁路大风安全及大风预警的研究现状及相关理论；第2章阐述了铁路大风预测策略，系统介绍了铁路大风预警各环节的重要策略，如大风预测模型框架、报警机制等；第3章阐述了数据驱动的铁路大风预警技术，介绍了铁路沿线短时大风预测常用的方法及其技术实现，如变分模态分解、图神经网络方法等，涵盖风速信号处理技术的MATLAB实现、风速预测技术的Python实现等内容；第4章以铁路大风数据为例，对数据驱动的铁路大风预测相关理论和技术进行了案例分析；第5章以铁路大风行车场景为例，运用相关的理论和技术对铁路大风预警的相关子问题进行了案例分析。

本书是涵盖铁路风速预测、大风预警等内容的综合性著作，对于轨道交通大风安全研究具有借鉴意义，可供从事轨道交通安全与环境、人工智能、数据挖掘等相关领域的研究人员和工程技术人员学习和参考。

图书在版编目(CIP)数据

数据驱动的铁路大风预警理论、技术与实践 / 米希伟著. — 北京：人民交通出版社股份有限公司，2021.11

ISBN 978-7-114-17576-3

Ⅰ.①数… Ⅱ.①米… Ⅲ.①铁路沿线—大风灾害—预警系统—研究 Ⅳ.①P425.6

中国版本图书馆CIP数据核字(2021)第171024号

Shuju Qudong de Tielu Dafeng Yujing Lilun Jishu yu Shijian

书　　名：**数据驱动的铁路大风预警理论、技术与实践**
著 作 者：米希伟
责任编辑：钱　堃
责任校对：赵媛媛
责任印制：张　凯
出版发行：人民交通出版社股份有限公司
地　　址：(100011)北京市朝阳区安定门外外馆斜街3号
网　　址：http://www.ccpcl.com.cn
销售电话：(010)59757973
总 经 销：人民交通出版社股份有限公司发行部
经　　销：各地新华书店
印　　刷：北京虎彩文化传播有限公司
开　　本：720×960　1/16
印　　张：9.25
字　　数：161千
版　　次：2021年11月　第1版
印　　次：2021年11月　第1次印刷
书　　号：ISBN 978-7-114-17576-3
定　　价：49.00元

前　言

铁路运输在国际陆路运输中发挥着骨干作用。当列车的运行线路位于复杂多变、环境恶劣的偏远地区时，其运输安全显得尤为重要。大风是铁路运输的重要安全风险源，会引发线路中断、设施故障、车辆脱轨或倾覆、供电中断等诸多事故，严重威胁铁路行车安全及运输畅通。为此，各国都在积极探索铁路防风技术，其中大风监测预警系统的建设是当前铁路防风工作的重要部分，数据驱动的铁路沿线大风（简称“铁路大风”）预警技术是铁路沿线大风监测预警系统的关键技术之一。

本书提到的数据驱动的铁路大风预警主要指铁路行业中基于铁路沿线大风监测、铁路大风报警、铁路大风行车事故等数据，运用数据挖掘进行的铁路大风预警。铁路大风预警一般涵盖铁路大风行车安全性判定、大风预测、报警机制、预警策略等方面。

本书沿着背景需求-实际问题-理论方法-技术实现-案例应用的思路，循序渐进地介绍数据驱动的铁路大风预警的主要思想、理论和方法。全书从背景与理论（第1、2章）、方法与技术（第3章）、案例与应用（第4、5章）三个部分展开，共5章内容，各部分简介如下。

第1、2章从背景与理论角度介绍铁路大风安全、大风防控技术、大风预测、大风预警等方面的背景和研究现状，并对铁路大风预警策略进行系统归纳和分析，涉及铁路大风预测时间粒度选取、多步预测策略、预测模型框架、预测结果评价、预警的报警机制等内容。

第3章从方法与技术角度介绍数据驱动的铁路大风数据前处理、大风预测、预测后处理、大风预警等技术的理论及功能实现，涉及小波分解、经验模态分解、经验小波分解、奇异谱分析、变分模态分解、时间序列模型、支持向量机、极限学习机、神经网络、集成学习、超参数优化、离群点修正、风险评价等内容。

第4、5章从案例与应用角度介绍数据驱动的铁路大风预测和铁路大风预警子问题分析案例,结合背景、理论、技术和实现对实际案例进行分析。

本书重在理论分析、代码实现和案例应用,旨在为读者搭建一个系统的理论和方法体系,让读者能够对相关技术进行简单应用,并对铁路大风预警领域的现状和未来发展趋势有所了解。限于篇幅,书中一些具体技术细节及理论未进行详述,读者如感兴趣可以参考其他书目。

本书在编写过程中得到了国家重点研发计划“‘一带一路’陆路通道国际联运研究与交流中心”项目(项目编号:2016YFE0201700)的资助,项目组成员韩梅、黄艳春、陈超、韩延慧等对本书的编写提供了帮助,同时中南大学、湖南大学、西南交通大学、中国铁道科学研究院等单位的相关专家以及柴江凯、张轶铭等人也提供了指导与帮助,在此一并表示衷心的感谢。

铁路大风预警是一个充满挑战的课题,随着科技的进步,相关技术也会不断地发展,限于作者的水平和当前研究现状,本书难免有不足、遗漏或错误之处,诚望各位学者、专家提出宝贵意见。

作　者

2021年5月

目　录

第1章

铁路大风预警综述

1.1 引 言

轨道交通系统是实现交通运输可持续性发展的重要模式之一。在我国，轨道交通是国民经济大动脉、城市及城市间交通运行的骨架，它属于国家关键基础设施和重要基础产业。近年来，随着我国经济的持续发展及《中长期铁路网规划》(发改基础〔2016〕1536号)和“一带一路”倡议的提出，在一代代科研工作者和工程建设者的努力下，我国在轨道交通领域取得了举世瞩目的成就。

轨道交通系统的发展与高新尖技术的发展紧密相关。随着各类相关技术的进步，轨道交通系统逐渐向智能化、精细化发展。而列车也逐渐向轻量化、高速化发展，这给列车的安全性、平稳性和舒适性带来考验，因此，在轨道交通系统蓬勃发展的同时，需要格外关注轨道交通系统的安全和稳定。

列车系统的周边环境对列车的正常运营有着重要影响。由于我国幅员辽阔，地形地貌复杂多变，随着铁路网的延展，一些运营线路需要经受复杂环境的考验，这给铁路系统的安全和稳定带来了巨大的挑战。铁路系统面临的复杂环境通常包括自然灾害等系统外部的干扰和常态运营时系统内部的干扰，其中，自然灾害会严重危及铁路系统的安全运营。为应对自然灾害导致的突发事件，需要根据灾害的影响情况对列车运行计划进行相应的动态调整。为实现铁路系统智能化、精细化动态调度，需要对灾害情况进行预测，并通过预测结果对动态调度进行实时控制，同时实现全过程的滚动优化。这就需要铁路部门在动态调度系统中设置相应的灾害预警系统。

在众多自然灾害中，强风是导致列车事故的主要灾害之一，因为强风会增加作用在列车上的风载荷，严重时会导致列车气动力及升力等超过正常范围，影响列车的舒适性和稳定性，更严重时甚至会影响列车运行安全，进而引发列车事故。为了适应国民经济的发展，同时控制铁路系统的投资和运营成本，我国一些已建或在建的铁路经过优化设计后会横穿强风地区，这给列车运行安全带来了挑战。由于一些强风地区的铁路周边地形、建筑环境复杂，同一时间铁路沿线流场在小范围内会呈现显著差异。在一些危险路段，如风口位置、曲线路段、桥梁位置等，即使较低的风速也有可能影响行车安全，普通天气预报所采用的测风站以及所能提供的大范围粗略风速预测难以满足这些线路的特殊运营需求,因此需要在铁路沿线,特别是一些危险路段布置测风站,并基于这些测风站建立铁路沿线大风预警系统。

为了防止强风地区铁路线上出现列车脱轨、倾覆等严重安全事故,同时确保列车的平稳性和舒适性,各国铁路部门正在积极建立、完善和优化铁路大风预警系统,以便在铁路沿线出现强风天气时,铁路部门能够提前调度指挥,合理安排调度策略,避免事故的发生,提高旅客乘车舒适度和满意度[1]。JR 东日本铁路公司于 2005 年 8 月在京叶线启用大风预警系统,之后在其所有运营线路上都部署了该系统。为增强大风预警系统的效果,该系统设置了实测风速报警机制和预测风速报警机制[2]。为加强以青藏、兰新铁路线为代表的大风区域列车行车安全,中南大学联合众多铁路管理、科研、设计、运营单位研发了我国初期的铁路大风预警系统,目前,我国一些铁路线上已经部署和使用了铁路大风预警系统,取得了良好的效果,后续铁路部门还计划在一些强风地区的铁路线路部署更加先进的铁路大风预警系统。通常,铁路大风预警系统包括测风站布置、风速采集、信息储存与分析、通信等诸多内容,随着此类系统的不断完善,铁路沿线风速(简称“铁路风速”)预测技术逐渐成为该系统的核心技术之一。

铁路风速预测技术是基于铁路沿线测风站数据对铁路风速进行提前预判的技术,这项技术一方面可以为铁路系统的安全运营提供保障,另一方面也可以为铁路部门的提前调度预留时间。由于铁路沿线地形环境较随机,一些路段周边环境复杂,对于一些强风地区的路段,不同位置点风速差异显著,而足够强的瞬态风就可能引发列车事故,因此,铁路部门对强风地区铁路沿线各位置点(特别是危险路段)的风速预测技术有着迫切的需求。由于可以参考天气预报的大范围长时间风速预测信息,铁路大风预警系统往往无须做以天为单位的长时间风速预测,其风速预测更为关注大风条件下短时间内危险路段的风速变化情况。由于涉及人身安全,该系统对于风速预测的准确性、实时性、稳定性有着很高的期待。

狭义上,风速信号是风速数据的“电子编码”。广义上,由于风速预测模型常会使用一些信号处理方法,为了方便,在风速预测领域,风速时间序列数据常被用作风速信号。铁路风速数据是一种复杂的一维时间序列数据,具有一定的周期性和趋势性特征,同时也伴随有间歇性、非平稳性和随机性特点。在系统层

面上，影响局部风速的因素较多，如地形、海拔、气温、湿度、云层厚度、植被情况、建筑情况、远方来流等等，这些因素涉及了海量数据，然而，风速系统本身属于复杂系统，对于复杂系统，上述类别数据构成的海量数据仍属于小样本抽样。要获取所有影响风速的数据可行性极低，且在不同时间，不同因素对风速的影响程度也会发生变化，在一些地形地貌复杂的地区，风速数据更加不稳定，且部分测风站会出现白噪声和随机错误采样，这些又会加大风速预测的难度。在现阶段我们仍然无法完全模拟复杂的风速系统并对风速数据进行完美预测。因此，从风速系统复杂性的角度出发，铁路沿线风速预测难度很高，而目前已有的预测方法并不能解决所有的问题，这项技术仍需要不断地探索和发展。

铁路风速预测的时间跨度越长、时间粒度越小，越有利于铁路部门的调度。然而，铁路沿线一些危险路段的风速变化剧烈且复杂，用小时间粒度的风速预测模型可以较好地反映危险路段短时间风速的突变情况，但由于误差的积累，此类模型进行大量迭代而实现的长时间风速预测会使预测结果严重失真；而用大时间粒度的风速预测模型可以较好地实现长时间风速预测，但难以反映危险路段短时间风速的突变情况。因此，需要针对长时间跨度预测需求建立大时间粒度风速预测模型，针对短时间跨度预测需求建立小时间粒度风速预测模型。为从多层面保障列车的运行安全，铁路部门需要建立不同时间粒度的铁路风速预测模型。目前，虽然风速预测相关研究较多，但缺乏针对此类问题的系统性研究。

铁路风速预测模型涉及的理论较多，如物理理论、数理统计方法、机器学习方法、控制理论等，新的性能优良的风速预测模型往往伴随着模型理论创新和多学科交叉创新。随着近几年机器学习技术的飞跃式发展，融合多种物理过程和机器学习技术的风速预测模型逐渐成为未来发展的重要方向。此外，铁路沿线不同时间粒度风速预测技术可应用于铁路大风预警系统，而铁路大风预警系统可以作为智能铁路动态调度的子系统来保障铁路系统的安全运营，因此，研究铁路沿线风速预测模型具有重要的工程价值。

为响应国家轨道交通战略和多学科交叉研究导向，兼顾理论研究和工程应用，本书的铁路大风预测技术主要围绕铁路沿线短时大风预测技术进行讨论。

1.2 铁路大风安全研究现状

大风是影响铁路安全运营的重要环境因素,随着高速铁路和车体轻量化技术的飞速发展,铁路沿线大风安全问题引起了广泛的重视。

铁路大风安全的研究包括安全管理和致灾机理等方面,安全管理主要是从较为宏观的安全风险管控角度分析铁路大风行车安全相关因素及管控方法,致灾机理主要是从较为微观的车辆动力学、流体力学等物理层面分析各关键工况下铁路大风行车的安全性。

国内外对于铁路大风行车安全的系统性研究始于20世纪70年代,主要围绕风-车-桥安全、防风工程结构、安全运输组织等方面进行。

我国学者围绕兰新线、南疆线、青藏线等开展了大量铁路大风行车安全方面的研究。田红旗[3]对适用于铁路大风行车安全的理论分析、数值模拟、风洞试验、实车试验等方法进行了全面总结。李永乐[4]、于梦阁[5]、Chen[6]等运用列车空气动力学方法对典型风场下列车运行的安全性进行了分析。米希伟[7]、Liu[8]等从风载荷突变的角度分析了大风条件下列车的运行安全性。俞萍[9]、谯泽诊[10]等运用数值模拟的方法对铁路典型防风设施的特性进行了分析,并在此基础上开展了优化研究。魏玉光[11]、黄双林[12]等在风-车安全研究的基础上分析了铁路大风行车运输组织方式及防风标准。

国外学者在铁路大风行车安全的基础和应用研究方面做了大量的工作。欧洲于1999年、2005年分别开展了DeuFraKo和AOA(Aerodynamics in Open Air,室外空气动力学)跨国合作项目,对列车的横风稳定性、大风对基础设施的作用情况、环境及防风设施对大风的影响等进行了综合性的力学分析[13-14]。

(1)DeuFraKo项目。

1999年,德国和法国铁路公司针对铁路沿线大风安全开展了DeuFraKo项目,建立了具有通用性的铁路沿线大风风险评估体系。该项目主要由5个模块构成,如图1-1所示。

这些模块考虑了车辆参数(外形、重心、侧风稳定性等)、基础设施(桥梁、曲线半径、隧道等)和运行约束(线路运行速度等)。在列车对侧风敏感度方面,该

项目经过大量分析、研究,建立了特征风曲线,该曲线从轮重减载角度给出了风速、风向和车速的建议轮廓,为铁路大风风险评估提供了依据。

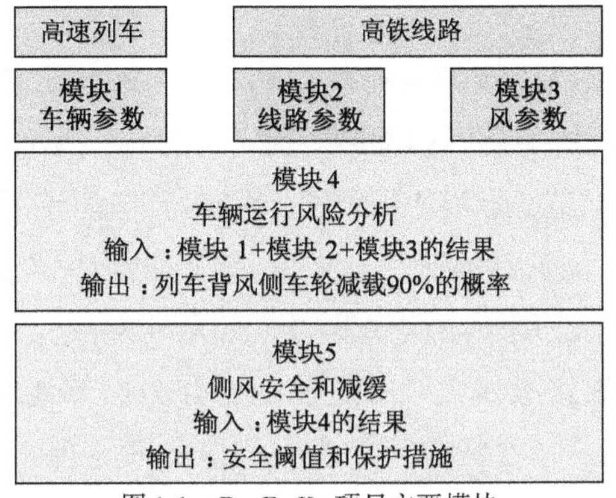

图 1-1 DeuFraKo 项目主要模块

(2)AOA 项目。

2005 年,为了对铁路大风建立一个共同的分类准则和倾覆风险评估,5 个欧洲国家开展了 AOA 项目。该项目重点考虑列车特性、线路特性和环境,主要分析了列车在侧风下的力学情况,不同线路条件下(如高架桥、路堤、路堑、隧道、曲线、超高)的大风作用情况,环境表面粗糙度和起伏度对流场的影响情况。AOA 项目主要分为 5 个模块,如图 1-2 所示。

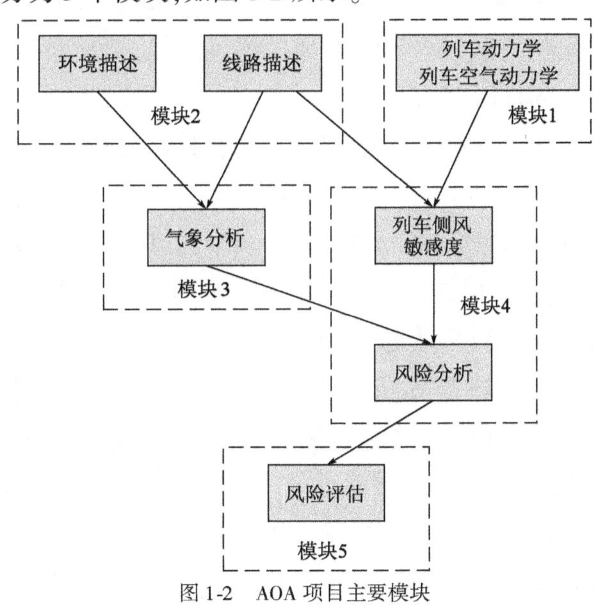

图 1-2 AOA 项目主要模块

1.3 铁路大风防控技术研究现状

在防御方式上，铁路沿线大风的防控主要分为被动防御和主动防御两方面。被动防御主要包括建立防风设施（如挡风墙、明洞等）、车体外形优化、车辆参数优化、接触网桅杆优化等，被动防御通常成本较高，但能够系统、全面地提升铁路的抗风能力。主动防御主要包括安全监测、安全预警、风险控制、应急处置等，主动防御通常较为经济，适用于防御偶发的铁路大风灾害。

在空间分布上，铁路沿线大风的防控主要分为局部地区防控及全线防控两方面。局部地区防控是指在特殊路段建立相应的固定保护设施，如根据路段环境条件的不同建立不同的挡风墙。全线防控是指在受风灾影响路段全线采用的大风预警系统、防控策略等。

我国按照年平均大风天数将铁路大风区域分为5个等级，根据不同地形的仿真计算、风洞试验、实车试验结果建立相应的防风设施，并优化相应的沿线环境、设备及列车参数，在管控策略上主要以实时风速为观察对象，以车速为调控手段。

西班牙在铁路沿线危险区域安装了测风站和挡风墙，并对风速计进行10min的风速和风向预测，结合风速和风向测量结果，对比特征风曲线，以此来调控车速、保障列车运行安全。

德国在防风设计时考虑了粗糙度长度、离地高度及加速效益，主要通过挡风墙来防御大风，不实行临时限速。

日本新干线设有挡风墙，并布置了100多个测风点，且风速计可以每10min评估一次瞬时风速，根据风速计的预测结果及车辆倾覆临界风速的力学理论公式（Kunieda公式）评估结果，设定了不同风速下的列车运行速度范围。

韩国除了在关键路段布置挡风墙外，还布置了风速计，韩国的风速计每20min输出一次数据，并设定了不同风速下的列车运行速度范围。

意大利对于铁路大风安全的判据同样是特征风曲线，在主动防御方面，意大利建立了短期大风预警系统，系统将受大风影响的线路划分为多个区域，各区域的测风仪每10min收集一次数据，超过设定阈值时，系统发出警报，且当大风水

平低于阈值30min后，才解除速度限制。

总体上，各国采取的铁路大风防控措施普遍比较接近，但在大风条件下各国的列车限速等级并不一致，这与各国列车、线路、环境、安全等级等有关。

1.4 铁路大风预测技术研究现状

铁路大风安全评价是一项复杂的系统工程，需要综合考虑"网、车、线、环、人"多因素的交叉影响。为便于工程应用，各国在深入研究各种工况的基础上，选取了一些关键指标进行控制，其中对于大风的评价和预测是重中之重。铁路大风预测是铁路大风预警的一个重要环节，对于铁路沿线大风的预测，一些国家对风速、风向进行综合考虑，而我国主要以风速作为研究对象，因此本书在铁路大风预测及预警方面的介绍主要针对铁路风速展开。

随着近年来轨道交通、可再生能源、风工程、信号处理、数据科学、机器学习等领域的高速发展，风速预测逐渐成为国际学界的研究热点[15-19]。由于涉及多个学科的交叉和多种方法的融合，风速预测模型存在多种归类方法。

按照预测的时间跨度来分类，风速预测模型可以分为：①长期预测；②中期预测；③短期预测。为了更准确地描述时间跨度，有时还会使用超长期预测、中长期预测、中短期预测及超短期预测，这里的长期、中期、短期是一个相对的概念，针对不同工程，长期、中期、短期对应的时间跨度不同。按照预测超前步数来分类，风速预测模型可以分为：①超前单步预测；②超前多步预测。按照预测结果的呈现方式来分类，风速预测模型可以分为：①点预测；②区间预测。其中，区间预测还包括值区间预测和概率区间预测。

按照模型典型特征分类，风速预测模型可以分为：物理模型、统计模型和混合模型[20-23]。物理模型基于已知的显式物理公式来完成计算，并利用多个物理参数如气压、湿度、温度、海拔高度、地形地貌等来实现预测，常用的方法包括数值天气预报（NWP）模型、大气边界层计算、计算流体动力学（CFD）方法及其衍生方法等[24-25]。这类模型通常具有较高的稳定性和可解释性。为了提高物理模型的预测性能，一些学者通过物理模型来离线模拟风速规律，并通过结合其他技术,如机器学习等,来完成风速预测[26-28]。目前,物理模型的研究趋向于精细化发展,如对地形参数及风的特性进行更为细致地刻画。Howard 等[29]对经典风速预测的物理模型提出了修正和尺度下降策略。Pelikan 等[30]将多种细节物理参数引入经典模型来实现预测。冯双磊等[31]通过数值天气预报、粗糙度变化模型、地形变化模型建立了风速预测物理模型。孙川永等[32]通过数值模式 RAMS 研究了风的特性,并将不同风向的风速廓线特性融入风速预测模型。李莉等[33]提出一种基于流场预计算(CPFF)的风速预测方法,并通过复杂的 CFD 计算来完成预测。赵川等[34]用 CFD 软件对风的流场进行数值模拟,提出一种结合地形因素的风预测模型。陈勇等[35]用 CFD 技术建立了稳态冲击风的水平和竖向风速分布特性经验模型。陈玲等[36]研究了不同嵌套网格分辨率对风速数值预测模型的影响。传统物理模型涉及的参数多、计算非常复杂、计算耗时较长,且多为定常流动(流场不随时间变化)的分析,难以做到在线预测,因此,这类模型通常适用于较大范围、较长时间的预测。物理模型也可以用于短期风速预测,如王艺淋等[37]利用多测风点数据与 CFD 技术结合实现了短期风速预测,为提升算法效率,他们将流场参数从三维简化为二维,并采用格子玻尔兹曼法来提升计算效率。虽然相比于统计学模型,物理模型能够反应区域流场的整体状态,可以更为科学地描述物理作用过程,且泛化性更强,但总体而言,国内外用物理模型进行短期风速预测的研究较少,研究还有待进一步开展,因此本书的铁路大风预测技术主要围绕机器学习等统计方法进行介绍。

统计模型主要基于历史数据来预测未来风速的变化,随着近年来数据科学的飞速发展,统计模型受到越来越多的关注。按照数据来源分类,统计模型可以分为:①单一风速数据预测模型;②多风速数据预测模型;③多元数据预测模型。单一风速数据预测模型的输入数据是单一测风站的历史风速数据,输出数据为单一测风站的风速预测数据。多风速数据预测模型的输入数据是多个测风站的历史风速数据,输出数据为单一测风站或多个测风站的风速预测数据。多元数据预测模型的输入数据为多元历史数据,如风速、气温、湿度等,输出数据为单一测风站风速预测数据。风速的未来数据与风速的历史数据有很强的相关性,其他的一些因素,如气温、气压、地形、其他位置风速等,也会与风速的未来数据有

一定的相关性,然而这些因素与风速一样具有随机性和非平稳性,相比于多元数据预测模型和多风速数据预测模型,单一风速数据模型往往具有更低的计算复杂度,同时,其通用性和稳定性也较好,因此,单一风速数据模型常应用于工程领域。

由于多风速数据预测有很好的时空关联性,在一些案例中能够取得较好的效果,因此引起了很多学者的关注。多风速数据预测模型又称空间相关模型。空间相关模型考虑了一定时期不同空间位置测风站的风速相关关系,利用相关性分析得到不同时期具有风速高相关性的几个测风站的风速数据,进而融合这些测风站的相应风速数据建立风速预测模型[38]。空间相关模型可以融合时间尺度和空间尺度信息,其在原理上可以简略解释如下:①某一时间段,在平坦地形下,当相隔一定距离的多个测风站的连线与风向方向一致或夹角很小时,这几个测风站的风速相关性可能较高;②某一时间段,在某种地形下,受某种流场效应主导,几个不同位置测风站的风速数据可能会呈现较高的相关性。由于空间相关模型可以提升基于单一测风站历史数据所建模型的准确度和稳定性,因此具有广阔的发展前景,引起了众多学者的关注[39]。Tascikaraoglu 等[40]提出了一种基于小波变换、压缩感知(CS)和结构化稀疏算法的风速空间预测方法,该模型利用多测风站数据建模,首先将各测风站风速时间序列进行分解来获得多组风速子序列,然后构建各风速子序列之间的相关性稀疏表达,最后基于相关性表达建立预测模型,实现风速的高精度预测。简金宝等[41]利用均值方差模型和 copula 函数研究了不同位置测风站的风速空间相关性。李文良等[42]采用空间平移法和分时段法相结合的方式来提升不同空间位置风速数据的关联度。陈妮亚等[43]利用相关系数和按照误差反向传播算法训练的多层前馈网络(BP 神经网络)算法构建了风速的分风向空间相关模型。在特定情况下,空间相关模型可以取得较好的风速预测效果,但难以应用于缺乏空间相关性的情况。

按照模型算法类型分类,统计模型主要可以分为经典统计模型和智能模型。经典统计模型主要包括持续性模型、时间序列模型、马尔科夫模型、混沌预测模型、灰色预测模型和卡尔曼滤波模型等[44-45]。经典统计模型具有较强的理论性和可解释性,此类模型可以对风速数据呈现的一些低维规律进行探索性描述,并通过线性或非线性方程来实现风速预测。通常,经典统计模型具有计算速度快、性能稳定、适用性广等特点,能够应用或嵌入到各类风速预测框架中,因此在风速预测领域,经典统计模型得到了广泛的应用和研究[46-49]。Lydia 等[50]对风速预测模型中线性和非线性自回归模型的性能进行了研究。Erdem 等[51]比较了风速预测模型中,传统连接的自回归移动平均模型(ARMA)和向量连接的 ARMA 模型之间预测性能的差异。Kavasseri 等[52]建立了 f-ARIMA 模型来进行超前一天的风速预测。Maatallah 等[53]提出了基于 Hammerstein 算法的自回归风速预测模型。Zhao 等[54]开发了一种针对小时风速建模的非线性自回归模型。王松岩等[55]提出了一种基于联合条件和离散误差概率统计的风速预测模型,该模型根据历史数据,运用统计方法获得修正因子,并根据风速波动分布对预测误差分布做偏度修正,最后将确定性预测结果与预测概率误差分布结果结合起来,获得风速概率预测。丁明等[56]运用自回归时间序列法建立了风速预测模型。潘迪夫等[57]基于卡尔曼滤波算法和经典时间序列法建立了风速多步预测模型。栗然等[58]建立了基于 ARMA 的风速预测模型,并使用贝叶斯信息准则(BIC)对 ARMA 模型的参数进行优化选择。邵璠等[59]建立了基于 ARMA 的风速预测模型,并对模型的预处理、参数识别、诊断及检验进行了详细分析。史宇伟等[60]提出了一种基于异方差高斯过程回归(HGP)的风速预测模型。靳小钊等[61]提出了一种灰色风速预测模型,该模型运用了改进的新陈代谢理论,实现了预测精度和收敛性的平衡。经典统计模型理论扎实、预测稳定、应用广泛,但有时难以对一些复杂风速时间序列进行较好地预测。智能模型是基于人工神经网络、支持向量机等智能算法所建立的风速预测模型[62],此类模型具有强大的学习能力、非线性映射能力和数据挖掘能力,同时具有很好的数据容错能力[63],非常适于处理复杂非线性数据。在风速预测领域,智能模型常用的算法主要包括:BP 神经网络、Elman 神经网络、GRNN 神经网络、RBF 神经网络、ANFIS 神经网络、支持向量机、最小二乘支持向量机和极限学习机等。随着当前计算机硬件性能的飞速提升和人工智能的跨越式发展,智能算法在众多领域展现出巨大的发展潜力,在风速预测领域,智能模型得到了世界学者的广泛关注[64]。Zhou 等[65]提出了一种基于改进支持向量机的短期风速预测模型。Shrivastava 等[66]采用支持

向量机构建了风速区间预测模型。任超等[67]采用优化的 BP 神经网络来预测风速。Santamaría-Bonfil 等[68]设计了一种基于支持向量机的风速预测模型。他们的试验结果表明,相比于持续模型和自回归模型,他们所建的模型拥有更高的预测精度。张弛等[69]采用 RBF 神经网络来构建风速区间预测模型,仿真结果表明该模型可以实现风速的高精度预测。吴俊利等[70]提出了一种基于 Adaboost 的 BP 神经网络风速预测模型。高阳等[71]利用风速、风向、气温、气压等信息建立了基于 GRNN 神经网络的风速预测模型。吴栋梁等[72]结合模糊逻辑理论和 GMDH 神经网络,提出了一种基于改进 GMDH 神经网络的风速预测模型。杜颖等[73]运用最小二乘支持向量机建立了风速预测模型。智能模型非常适合处理复杂非线性问题,但有时会存在预测效果不稳定的情况。

广义的混合模型是物理模型和统计模型之间同类或不同类的多个模型或算法的混合,狭义的混合模型常指统计模型内部多个算法的混合。为了提升混合模型的预测性能,混合模型有时会融入一些参数选择方法及优化算法等[74-77]。混合模型可以融入多种算法和子模型,灵活性很高。性能优良的混合模型需要精心的人工设计,且常可以得到比单一模型更高的预测精度[78-80]。凭借着灵活的搭建方式和优异的预测性能,混合模型成为近年来风速预测领域的研究热点[81]。风速预测混合模型大致可以分为数据预处理、特征工程、预测模型搭建、参数选择及优化、误差修正等,各模型还可以包含其他一些子模型[82-86]。

混合模型前处理过程可以包含数据除噪、离群点识别及筛选等,如 Doucoure 等[87]提出了一种基于小波分解和神经网络的风速预测混合模型,该模型在预测过程中去除了一些低趋势性的成分,并通过案例研究证实了去除风速序列中的低趋势成分不会影响模型的预测精度。

风速的特征工程是指把原始风速转变为预测模型实际训练集的过程,特征工程主要包括风速特征的构造、提取、筛选及处理等。风速预测效果的好坏与风速预测模型和风速特征密切相关。在风速的特征工程中,最为常用的是风速波动特征的提取。风速波动特征提取过程可以包含信号分解、信号重构等,常用的方法包括小波分解(WD)、小波包分解(WPD)、经验模态分解(EMD)、集合经验模态分解(EEMD)、相空间重构(PSR)、奇异谱分析(SSA)、经验小波分解

(EWT)和变分模态分解(VMD)等。风速波动特征提取过程在风速预测中的应用非常广泛。刘辉等[88]提出了一种基于二次分解算法和Elman神经网络的混合模型,在该模型中,小波包算法用来将原始风速序列分解为多个风速子序列,快速集合经验模态分解算法则对子序列中的高频子序列做进一步分解。Sun等[89]构建了快速全体经验模态分解法(FEEMD)和正则极限学习机(RELM)的风速预测混合模型,并使用偏自相关函数来选择模型的输入,该模型中的快速全体经验模态分解法可以将原始风速数据分解为多个本征模式函数和一个残差序列。Wang等[90]运用全体经验模态分解法(EEMD)、遗传算法(GA)和BP神经网络建立了一种风速预测混合模型,并通过案例研究证实了该混合模型的准确度高于遗传算法-BP神经网络模型和单一的BP神经网络模型。Qin等[91]结合小波变换(WT)、布谷鸟搜索算法(CSA)和BP神经网络建立了风速区间预测混合模型,其中小波变换用于降低风速序列高频部分的跳跃性。Zhang等[92]提出了一种基于完备总体的经验模态分解法(CEEMDAN)、混沌局部搜索-花授粉算法(CLSFPA)、5种神经网络和非负约束理论(NNCT)的复杂混合风速预测模型,试验结果表明该混合模型的预测效果优于参与比较的单一预测模型。王建州等[93]利用小波包算法(WPD)、最小二乘支持向量机(LSSVM)、基于模拟退火的粒子群优化算法(PSOSA)和相空间重构算法(PSR)建立了风速预测混合模型,其中小波包算法用于分解原始风速序列,相空间重构算法用于决定最小二乘支持向量机的输入向量。Zhang等[94]综合优化变分模式分解算法(OVMD)、极限学习机和混合回溯搜索算法的优势提出了一种风速预测混合模型,其中优化变分模式分解算法用于降低噪声并将原始风速序列分解为一系列模式。Xiao等[95]提出了一种基于奇异谱分析(SSA)、共轭梯度(CG)、蝙蝠算法(BA)和广义回归神经网络(GRNN)的超前多步风速预测混合模型,其中,奇异谱分析法用于分解原始风速序列,多目标蝙蝠算法用于优化神经网络参数,神经网络用于实现预测。Zhang等[96]将经验模态分解法(EMD)、支持向量机和神经网络相结合设计了两种混合模型,对于这两种混合模型,用经验模态分解法将实际风速时间序列分解为一系列风速子层。风速特征工程可以显著提升风速预测的效果,但需要指出的是,在风速预测过程中,信号处理算法对风速数据特征的稳定性要求较高,如果风速特征时变性较强,加入信号处理算法进行简单的分解重构,可能会对预测结果起到负面作用。此外,除了信号处理算法外,一些经典的特征提取方法,如主成分分析、相空间重构法等,也可以用于风速特征工程。

风速预测模型可以是单一模型或是不同模型的集成,常用的集成方法包括减小方差法(bagging 法)、减小偏差法(boosting 法)、改进预测法(stacking 法)等;其参数选择及优化过程可以包含预测模型参数调整、预测模型初始参数优化选择、输入输出数据参数优化选择、多模型组合权值调整等,常用的参数寻优方法包括遗传算法、鸟群算法、狼群算法、模拟退火算法和禁忌搜索算法等[97-100]。通常风速预测混合模型是一个或几个过程的混合,并非包含所有过程,这是因为对于混合模型,参与混合的算法多、框架复杂,并不代表预测效果好。高度复杂的混合模型容易出现计算时间长、过拟合、泛化性差等问题,因此,需要精心的设计、大量的试验验证以及详细的比较分析,才能构建预测性能优良的混合模型。由于不同的风速数据有不同的规律,不同的工程应用有不同的预测需求,同一混合模型难以满足所有情况,因此需要针对不同情况搭建不同的风速预测混合模型[101]。

目前国内外对于风速预测混合模型的研究有很多。孟安波等[102]提出了一种基于小波包分解、交叉算法和人工神经网络的风速预测混合模型,算例结果表明,在训练神经网络时,交叉算法的性能优于传统 BP 算法和粒子群优化算法,且相比于传统神经网络,引入交叉算法的混合神经网络可以获得更高的预测精度。王建州等[103]提出了一种基于高斯过程回归、ARIMA 模型、极限学习机、支持向量机、最小二乘支持向量机的风速预测混合模型,其中,ARIMA 模型、极限学习机、支持向量机、最小二乘支持向量机相当于 4 种独立预测器。该混合模型通过高斯过程回归,对不同预测器的预测结果进行评估和拼接来得到最终预测结果。Shukur 等[104]结合卡尔曼滤波和神经网络建立预测模型,并采用 ARIMA 理论来选择预测模型输入数据的结构,采用 3 种方法组建混合模型来对跳跃风速进行预测。Cadenas 等[105]提出了一种 ARIMA-ANN 风速预测模型,其中 ARIMA 模型用来进行初步风速预测并获得预测误差,ANN 模型用来对误差进行预测,两个模型进行联动调整后可得到最终的风速预测结果。Chitsaz 等[106]设计了一种基于改进克隆选择算法和小波神经网络的风速预测混合模型,其中,改进克隆选择算法用来选择小波神经网络的初始权值和阈值,从而提升小波神经网络的全局搜索能力。Su 等[107]提出了一种基于粒子群算法(PSO)、ARIMA 模型和卡尔曼滤波的混合模型,在该模型中,粒子群算法用于优化选择 ARIMA 模型的参数,而所获得的 ARIMA 模型则用于构建卡尔曼滤波的状态方程,最后,用卡尔曼滤波法完成最终的风速预测。Pousinho 等[108]提出了一种基于粒子群算法和 ANFIS 网络的风速预测模型,其中,粒子群算法用于优化 ANFIS 网络的隶属度函数。王建州等[109]对奇异谱分析、多目标蝙蝠算法(MOBA)和神经网络算法进行组合,提出了一种风速预测混合模型,其中,奇异谱分析用于分解风速序列。Sun 等[110]提出了一种超前多步风速预测模型,在该模型中,相空间重构算法用于选择输入风速向量,核主成分分析(KPCA)法用于提取所建相空间重构算法的非线性特征,资源竞争算法(COR)模型优化的核向量回归(CVR)模型则用来完成最后的预测。Zhao 等[111]结合天气研究和预报(WRF)模式方法及模糊算法建立了风速预测混合模型,该模型兼具天气研究和预报模式方法的大尺度特性和模糊系统的智能特性。Qu 等[112]提出了一种基于多种分解的 BP 神经网络混合预测模型。Ma 等[113]提出了一种基于模糊神经网络(FNN)、奇异谱分析、头脑风暴算法(BSA)的风速预测混合模型。Wang 等[114]提出了一种基于最小二乘支持向量机和马尔科夫算法的混合模型,其中最小二乘支持向量机用于预测风速,其参数通过粒子群-引力搜索算法(PSOGSA)进行优化,而马尔科夫算法用于对预测的误差进行修正。胡建民等[115]提出了基于经验小波分解的风速点预测和区间预测混合模型,案例研究表明,加入经验小波分解模块可以提升模型的预测精度。Hu 等[116]使用经验小波变换法(EWT)、偏自相关函数(PACF)和高斯过程回归(GPR)方法建立了风速预测混合模型。Feng 等[117]通过两层集成框架构建了风速预测混合模型,模型的输入包括湿度、风速、风向、气压、温度数据,第一层框架为深度特征提取过程,用于决定输入数据,算法包括主成分分析、格兰杰因果关系检验、自相关和偏自相关分析和回归特征消除法;第二层框架为预测建模过程,用于实现风速的预测,算法包括神经网络、支持向量机、梯度推进机和随机森林(RF)法。陈勤勤等[118]提出了一种基于统计聚类法和时间序列法相结合的混合模型,其中统计聚类法用于将相似数据合并归类,时间序列

法则用于对不同类别数据分别进行预测。何育等[119]提出了一种基于ARMA-ARCH算法的风速预测模型,在该模型中,自回归条件异方差(ARCH)算法用于对ARMA算法的预测残差做进一步分析。田中大等[120]提出了一种基于相空间重构、最小二乘支持向量机的风速预测混合模型,其中,相空间重构的延迟时间和嵌入维数分别采用C-C算法、G-P算法确定,最小二乘支持向量机的参数采用粒子群算法进行优化。姜言等[121]提出了一种基于ARIMA算法和广义自回归条件异方差(GARCH)的高速铁路强风风速短时预测模型,通过预测加残差分析的方式完成最终预测。高爽等[122]建立了基于粗糙集-神经网络的预测模型和基于混沌-神经网络的预测模型,其中,粗糙集是为了对风速的影响因素进行约简,混沌理论中的相空间重构是为了选择神经网络的输入和输出。卿湘运等[123]运用经验变异图法获取风速的时空相关性,并据此建立了基于贝叶斯-克里金-卡尔曼的风速预测混合模型。王扬等[124]基于相空间重构和局域预测理论,结合支持向量机方法构建了风速预测混合模型。陈盼等[125]提出一种基于小波包和支持向量机融合的风速预测混合模型。

随着近几年计算机硬件性能的提升和深度学习理论的进步,一些深度学习算法,如深度信念网络(DBN)、卷积神经网络(CNN)、循环神经网络(RNN)、递归神经网络(RNN)等引起了各行各业学者的广泛关注[126-129]。相比于浅层学习模型,深度学习模型可以提取数据中的深层固有特征,精心设计的深度学习模型常具备比传统浅层学习模型更优异的非线性映射能力和数据挖掘能力[130]。随着风速预测领域的发展,一些基于深度学习的模型逐渐被引入到风速预测混合模型中。Wang等[131]提出了一种基于风速定值和概率预测的混合模型,该混合模型结合了小波变换、深度信念网络和脊柱分位数回归等算法。Coelho等[132]提出了一种基于深度学习的风速预测混合模型,并采用图形处理单元(GPU)进行计算。Wang等[133]结合小波分解和卷积神经网络构建了风速预测混合模型,其中,小波分解用于将原始风速时间序列分解为多个子序列,卷积神经网络用于对各子序列分别建模并实现预测。Hu等[134]利用深度自编码器和迁移学习方法建立了风速预测混合模型。Wang等[135]提出了一种基于小波变换和深度信念网络的风速预测混合模型。

深度学习模型的性能已得到众多学者的充分肯定，而随着深度学习的发展，端到端的理念开始深入到各个领域，风速预测模型也逐渐开始由混合模型向端到端模型方向发展。端到端模型是将混合模型的各个过程有机融合在同一个模型内进行整体优化的模型，相比于分步优化模型，端到端模型有望达到更好的优化效果。在深度学习方面，很多新的理念、新的概念可以用于解决铁路短时大风预测问题。如目前在深度学习领域出现的残差模块法可以用于替代传统降噪算法；深度图网络模型可以用于分析多测风点的风速；压缩感知法可以用于提取风速主要特征成分；度量学习法可以用于逼近风速真实值；自动机器学习法可以让模型依据数据，自适应调整模型自身的参数、超参数或架构，从而提升模型泛化性、让模型更加智能；Attention 方法可以提升对关键信息的注意力、降低模型复杂度；融合物理信息的神经网络算法可以结合风速流体力学过程和实测数据进行预测。铁路大风预测目前仍然存在很多困难，如何针对大风预测需求搭建特定的快速学习模型，仍需要科研工作者的进一步探索。

1.5 铁路大风预警技术研究现状

铁路大风预警是对铁路沿线即将发生的大风灾害所做的紧急警告。铁路大风预警技术是基于铁路大风预测结果判定报警级别的技术，该技术包含铁路大风行车风险评价、大风预测、大风预测评价、大风报警等级判定等多项内容。铁路大风中长期预警主要基于天气预报完成。铁路大风短期预警的方法有很多，其中数据驱动方法是一种重要方法。相比于铁路大风中长期预警，铁路大风短期预警紧迫性更强、难度更大。

目前，在实际工程应用上，国内外铁路大风预警主要基于理论、仿真、试验和历史数据，依靠风速曲线或综合风速风向的特征风曲线，运用制定的规则进行预警。如法国地中海高速铁路线的大风预警系统可根据过去 10min 的风速风向数据，利用 AR(2)模型对未来 5min 的平均风速和风向进行预测；在规则设定方面，该系统基于特征风曲线设置了特征风区域阈值曲线，对超出不同阈值的情况设定不同的列车速度等级，当大风预测结果超出相应阈值时，大风预警系统就会报警。

国内外对铁路大风预警的研究主要围绕风险识别、预警机制、系统实现等进

行。Salmane[136]、Hu[137]、Landry[138]等研究了不同铁路安全预警系统的关键技术。许平[139]分析了部分关键安全相关因素对铁路大风行车安全的影响,研究了青藏铁路大风预警系统的架构、功能和关键技术。王娇娇[140]研究了大风报警的传输技术。彭其渊[141]、龚炯[142]、余传锦[143]等从规范、系统功能、工程应用等角度研究了铁路大风预警技术。腾飞[144]、姜海[145]、Hibino[146]等从预警模式和功能层面研究了铁路大风预警方法。Jie[147]、Wang[148]、袁嘉杉[149]等从决策因素评价、列车路径重建规划、风险管控等方面研究了铁路沿线大风的预警方法。在方法层面,国内外对铁路沿线大风预警的研究主要围绕有限状态机、决策树、评价法等传统决策方法[150-152]进行,即主要以某一个或某一些固定变量作为条件切换的判断依据,基于制定的规则,如通过计算流体力学和车辆动力学方法确定风-列车安全边界规则,建立决策的输入-输出映射,并结合历史经验做出最终决策。目前,铁路大风预警仍然存在效率低、可靠性不足等问题,如何科学、安全、可靠、高效地提升铁路大风预警水平,仍需要科研工作者的进一步探索。

第 2 章

数据驱动的铁路大风预警策略

2.1　铁路大风预测特性分析

本章从铁路大风预测特性分析、铁路风速预测时间粒度选取、铁路风速多步预测、铁路风速预测模型框架、铁路风速预测结果评价、铁路大风预警的报警机制6个方面介绍数据驱动的铁路大风预警策略。

铁路大风预警对保障大风条件下铁路系统的运营安全起着积极的作用,铁路大风预测是铁路大风预警的重要组成部分。数据驱动的铁路大风预测技术是铁路大风短期预警的关键技术之一。

在列车安全平稳运行方面,铁路大风预测需要明确风速的大小与列车安全的关系;在大风预测模型设计方面,铁路大风预测需要区分模型的特异性和通用性;在大风数据处理方面,铁路大风预测需要在平均风速与瞬时风速之间进行合理转化;在大风预测结果呈现方面,铁路大风预测可以根据实际需要呈现为点预测或区间预测。

2.1.1　风速大小与列车安全的关系

通常,对于铁路沿线风速,强风的瞬时风速大于10.8m/s;大风的瞬时风速大于17.2m/s;强侧风的瞬时风速大于15m/s,且主风向与线路夹角在75°和95°之间[153]。由于列车具有运行速度快及车体轻量化等趋势,在强风条件下,列车的空气动力性能将会显著恶化,侧滚振动、横摆振动、摇头振动等将会加剧,严重时列车可能会出现脱轨、倾覆等安全事故。德国科研工作者结合数值模拟方法和动模型试验研究了大风对列车的影响,并认为当风速大于25m/s时,列车就可能发生倾覆[154]。日本科研工作者结合空气动力特性对大风条件下列车的运行进行了研究,认为当风速大于20m/s时,列车应当限速运行;当风速大于30m/s时,列车应当停运;对于在高架桥路面等特殊路段路面上行驶的列车,当风速大于23m/s时,列车就应当停运,且令列车恢复行驶的风速不大于16m/s[155]。我国对于高速铁路大风行车的规定是:环境风速小于或等于15m/s时,列车正常运行;环境风速小于或等于20m/s时,列车限速300km/h

运行;环境风速小于或等于 25m/s 时,列车限速 200km/h 运行;环境风速小于或等于 30m/s 时,列车限速 120km/运行;环境风速大于 30m/s 时,禁止列车驶入风区。

总体而言,风速越大对列车的威胁也越大,但具体而论,铁路沿线风速与列车安全、列车平稳运行之间的关系非常复杂,在一些特殊情况下,相对较小的外界环境风速也可能威胁列车的正常运行。外界大范围环境风速大小并不等同于作用在列车上的风载荷大小,由于一些铁路沿线地形、地貌及建筑等非常复杂,当外界环境风经过这些区域并作用在列车车身时,列车周围的流场情况及所受的气动载荷情况与在平坦地面上直接承受外界环境风的情况完全不同,有时外界环境风速相对较小,但经过一些局部地形后,作用在列车上的气动载荷有可能较大。此外,同样风速下,风向与列车运行方向之间夹角的不同、列车运行姿态的不同、列车车速的不同、风荷载作用时机的不同、风荷载作用时长的不同、风速变化频率的不同、挡风墙结构的不同、线路条件的不同、列车参数的不同等,会给列车运行带来不同的影响。在多种不利情况的叠加下,即使是相对较小的外界环境风速也可能影响列车的安全平稳行驶。因此,对于铁路大风预警系统,不仅需要对风速 20m/s 以上的大风和强侧风进行预警,同时也需要结合实际情况对风速为 15~20m/s 的强风进行预警。

2.1.2 风速预测模型的特异性和通用性

在设计局部区域的风速预测模型时,一种思路是加入多种对风速有影响的因素进行建模。由于不同时间、不同空间对风速影响较大的因素有所不同,因此这类模型常在特定的情况下预测性能较好,而难以直接应用于其他情况,即具有较强的特异性。另一种思路是仅加入在多种情况下都对风速有显著影响的因素进行建模,甚至仅采用风速历史数据进行建模。相比于第一种思路的模型,这种思路的风速预测模型特异性较弱而通用性较强,且计算复杂度较低,在铁路沿线短期风速预测中更为常用。

对于基于历史风速数据的风速预测模型,同样可以有两种思路。一种是针对不同风速数据特征或预测需求设计不同的风速预测模型,另一种是针对风速

数据的共有特征或共性需求设计通用模型来实现不同风速数据的预测。通常,针对不同风速数据特征或预测需求所设计的模型特异性强、预测精度高,而针对通用风速数据特征或预测需求所设计的模型通用性强、鲁棒性高。此外,还有些学者尝试将两种思路结合,建立、兼具特异性和通用性的自适应处理模型。

铁路沿线不同位置的风速具有不同的幅值和频谱特征。同时还具备不同的趋势性、振荡性和周期性等波动特征。此外,不同的工况下还具有不同的风速预测需求。为确保强风条件下铁路的运营安全,需要根据实际需求构建适当的特征工程,来实现相应的风速预测。

2.1.3 平均风速与瞬时风速的转化

对于铁路沿线风速预测,相比于平均风速,瞬时风速对铁路系统的影响更为直接。对于列车,3s 瞬时风速的大小会直接影响列车的运行安全[156]。然而在 3s 时距的风速变化中,湍流常占主导地位,而传统的机器学习模型难以有效描述湍流过程。此外,从时间上考虑,模型计算和铁路部门调度都需要一定的预留时间,从目前的机器学习模型精度上考虑,太多的超前步数会增加预测误差,如果对 3s 瞬时风速直接建模,模型将难以应用于工程实践。所以需要结合风速数据特点,对铁路沿线风速进行工程化处理。根据文献[157],通常 3s 瞬时最大风速会达到 10min 平均风速的 1.2 倍以上,对于其他时间粒度的平均风速也可以进行类似的分析和推论。

因此,可以结合实际风速数据,统计分析平均风速和瞬时风速的关系,利用平均风速来反推瞬时最大风速,即对铁路沿线风速数据进行平均化处理之后再进行预测,并根据反推的瞬时最大风速来指导大风条件下铁路系统的调度。由于风速具有较强的波动性,反推的瞬时最大风速的准确性和可靠性与平均风速的时间粒度相关度较高,例如,1h 时间粒度的平均风速反推获得的瞬时最大风速准确性通常会低于 3min 时间粒度的平均风速反推的结果,因此可以结合铁路沿线短期风速预测需求,采取利用多种时间粒度的平均风速同时预测的方式,来建立铁路沿线风速预测体系。

2.1.4 风速预测的呈现形式

风速预测可以根据预测结果呈现形式的不同分为点预测和区间预测。风速点预测是对预测结果的直接呈现,即只呈现最终的风速预测值;风速区间预测是基于风速点预测进行扩展得到的预测值波动区间,或是基于风速点预测进行扩展,得到同一点的多个预测值各自的概率分布区间。常用的风速区间预测方法主要是将点预测方法和区间选取方法相结合,如边界预测法、误差边界确定法、统计边界确定法、置信区间确定法等。

边界预测法是根据历史风速数据,结合工程背景,先设定合理的上下边界,再分别用上下边界的数据训练两个不同模型,最后用两个模型分别进行预测得到预测值的上下边界,构成风速区间预测。

误差边界确定法是针对历史风速进行建模,根据训练集出现的误差情况,结合工程背景,判断并设置预测模型大致的误差范围,当预测模型进行预测时,将预判的误差范围加入预测结果,构成风速区间预测。

统计边界确定法是根据历史数据,结合工程背景,直接预设区间范围,当模型训练好并进行预测时,将预设区间范围直接加入预测结果,构成风速区间预测。

置信区间确定法是先根据历史数据进行建模,同时根据训练集预测结果进行统计分析,获得预测值的置信区间,再将置信区间融入最终的预测结果中,构成风速区间预测。

在风速预测结果呈现策略中,点预测策略直观、简洁但包含的信息较少,区间预测策略则具有优异的数据呈现效果、包含丰富的信息。在实践中,点预测和区间预测都有应用。

2.2 铁路风速预测时间粒度选取策略

铁路风速预测的时间粒度是指风速采样点所对应的时间间隔,如 3min 时间粒度是指每 3min 有一个风速采样点。通常,采样点代表该段时间范围内风速的平均水平,如 3min 时间粒度的风速值可以是测风站每秒采集 1 个风速值,再在

3min 的时间范围内进行平均化处理。而在一些特殊情况下,也有部分系统采用时间间隔内风速最大值作为输出值。本书主要针对时间间隔内的平均风速进行分析。

在同一地点、同一时间、同样的时间跨度下,大时间粒度的风速数据比小时间粒度的风速数据波动更为平缓,如同一时间同一地点的风速数据下,在 10h 时间跨度内 10min 时间粒度的风速数据曲线通常比 5min 时间粒度的风速曲线更为平缓。然而,同一地点、不同时间、不同时间跨度或不同地点、同一时间、不同时间跨度下,大时间粒度的风速数据并不一定比小时间粒度的风速数据平缓,如同一地点不同时间风速数据下,20h 时间跨度内 10min 时间粒度的风速数据采样点数量与 10h 时间跨度内 5min 时间粒度的风速数据采样点数量相同,但 10min 时间粒度的风速数据波动情况并不一定比 5min 时间粒度的风速数据平缓,甚至 10min 时间粒度的风速数据波动程度可能更为剧烈。

对于风速预测模型,预测步数越多,累计误差就越大,预测效果就越差。很多学者试图解决其他领域类似的问题,提出了 CNN、LSTM、Transformer 等模型及其变形,这些模型在一定程度上取得了成功,但由于风的固有随机性,这些模型难以从根本上解决这一问题。因此,现阶段一种较为可行的策略是针对长时间跨度风速预测需求建立大时间粒度的预测模型,针对短时间跨度风速预测需求建立小时间粒度的预测模型。风速预测的时间粒度越小,越容易体现短期风速的突变性;而风速预测的时间粒度越大,越能反映较长时间范围内风速的变化趋势。随着机器学习的快速发展,一些综合长时间跨度和短时间跨度需求的多时间尺度预测模型开始逐渐出现,此类研究有望为铁路大风预测提供更好的解决方案。而由于多时间尺度预测模型还未进入成熟阶段,因此本书仍以不同时间粒度风速预测分别建模的思路展开。

从便捷性及通用性出发,早期的铁路系统仅通过天气预报的中长期大范围风速预测来对铁路大风进行预警,这种情况下,列车的提前调度多以天为单位。众多的事故表明,这样的粗略预警难以满足实际需求,因此需要建立精细化铁路大风预警系统。该系统需要在天气预报中长期大范围粗略风速预测的基础上,进一步通过在铁路沿线布置测风点,来获取局部短期精细风速预测数据,从时间和空间上对风速预测数据进行补齐,全方位保障列车运行安全。

《铁路技术管理规程(高速铁路部分)》规定,300km/h 的高速列车紧急制动标准距离为 3700m,在不良状态下制动距离为 4500m。根据 CRH380A 型动车组的制动方式计算,300km/h 的高速列车在紧急制动和常用全制动情况下,停车时间约为 50s。对于兰新高速铁路采用的 CRH2G 和 CRH5G 型动车组(最高运营速度 250km/h),在紧急制动情况下,停车时间低于 40s。

考虑到实际应用时的调度时间,铁路大风预警系统在最紧急的情况下应当能够对危险路段做到分钟级预测,因此,铁路沿线风速预测时间粒度应大于 2min。由于危险路段往往是风场变化最剧烈和复杂的地段,时间粒度太大就无法体现这些路段风速的短期变化。此外,因为误差的积累,用短期预测模型通过大量迭代实现的长期风速预测会使预测结果严重失真,因此,对于局部的危险路段,铁路大风预警系统的风速预测时间粒度应当集中于短期,即天级以内。

对于铁路大风预警系统,短期风速预测可以细分为分钟级、十分钟级、小时级,时间精度分别为 1 ~ 10min、10min ~ 1h、1 ~ 24h,不同时间粒度的风速预测对应着不同紧急程度的列车调度。

通常,对于铁路沿线风速预测,模型的在线计算过程应足够短,计算时间须小于预测时距,按照时间粒度划分风速预测模型有利于解决不同预测模型计算时间的问题、满足不同的应用需求。

在大风天气下,铁路沿线一些危险路段可能会在数分钟内出现突发性强风。如果线路上运行的列车将在数分钟内通过某危险路段,为确保列车运行安全,铁路部门就需要提前判断列车经过该路段时的风速情况,此时就需要铁路沿线分钟级风速预测技术的支持。为了保证安全,同时减少错误调度带来的不必要损失,需要风速预测模型在满足高时效性的前提下,尽可能保证预测结果的准确性和稳定性。

在大风天气下,铁路沿线一些路段可能会在 10min 到 1h 内出现强风,如果线路上已有列车接近这些路段并会在几十分钟内通过这些路段,铁路部门就需要预判当列车经过这些路段时,这些路段的风速是否会对列车的安全运行构成

威胁,此时铁路部门的行车调度指挥系统就需要铁路沿线十分钟级风速预测技术的支持。相比于针对分钟级风速预测的应急调度,针对十分钟级风速预测的调度预判时间相对更长、对风速预测模型的实时性要求相对较低,但同时为了尽量避免进行数分钟内的应急调度,这种调度对风速预测的准确性和稳定性要求较高。为了保证铁路部门调度的及时性、准确性和可靠性,需要铁路沿线十分钟级风速预测模型在满足高精度的条件下,尽可能保证模型计算的高效性和预测结果的稳定性。

在大风天气下,铁路沿线一些路段可能会在1小时到数小时内出现强风,铁路部门需要提前判断此次强风的大小是否会影响列车运行安全、是否需要调度来往的列车减速甚至停轮,为了对铁路运输进行提前调度、避免强风威胁列车安全、避免耽误一些紧急旅客的行程,铁路部门的行车调度指挥系统需要铁路小时级风速预测技术的支持。在工程层面,不同于分钟级或十分钟级的应急调度,小时级的调度时间相对较宽裕,给铁路部门的调度保留了较为充足的时间。但基于安全考虑,时间充裕也会令列车减速或停轮的时间阈值较长,使得调度的覆盖范围较广、涉及的列车较多。在这种情况下一旦出现错误的列车减速或停轮指令,多趟列车将会出现不必要的晚点,这会给铁路部门和众多旅客带来巨大且不必要的经济损失和时间损失。因此,这种调度需要风速预测模型的预测结果具有高鲁棒性,同时兼具高的精度,而对模型计算速度的要求则相对较低。

为覆盖全天各时间尺度,以下分别针对铁路沿线分钟级、十分钟级、小时级风速预测模型的应用场景进行描述。如在分钟级风速预测模型中,为尽量避免列车紧急制动,可以选择时间粒度为2min,所做的最多超前预测步数为5步,即可以覆盖2~10min时间范围;在十分钟级风速预测模型中,为与分钟级风速预测合理区分,可以选择时间粒度为10min,所做的最多超前预测步数为6步,即可以覆盖10min~1h时间范围;在小时级风速预测模型中,可以选择时间粒度为1h,所做的最多超前预测步数为5步,即可以覆盖1~5h时间范围;此外,小时级风速预测模型可以应用于时间粒度为2h、3h、4h的风速预测,同时超前预测步数也可以适当增加,即可以用同样的小时级风速预测模型覆盖3~24h

时间范围。

行车安全重于泰山。为了应对强风天气下风速出现复杂波动的情况，铁路部门需要依据时间跨度的不同对列车进行计划调度、临时调度、应急调度等多个层面的调度指挥，因此完善的铁路大风预警系统需要同时具备不同时间粒度的风速预测技术，并兼顾大范围、长期的天气预报。目前天气预报技术已较为成熟，而针对短期不同时间粒度的铁路沿线风速预测技术的研究还未成体系，因此，可以从时间粒度的角度对铁路沿线风速预测需求进行拆分和梳理，并针对不同需求，建立相应的风速预测模型。

2.3 铁路风速多步预测策略

对于铁路风速预测，多步预测能够比单步预测提供更长的时间跨度和更为充分的信息[158]，因此，相比于单步预测，铁路沿线风速多步预测更加实用。对于风速预测模型，相比于超前单步预测，进行超前多步预测可以更科学地衡量模型的预测性能。如果预测模型仅仅是超前单步预测精度高于其他模型，而超前多步预测精度不如其他模型，则该预测模型的鲁棒性较差，且可能存在过拟合问题。因此，评价一个风速预测模型的好坏，通常会对该模型的多步预测效果进行综合比较和评判。铁路沿线风速时间序列的多步预测策略主要可以分为直接预测策略、多输入多输出策略、递归策略以及混合策略等。

直接预测策略是直接用输入数据映射某一超前步数的预测，其计算过程可以描述如下。假设风速时间序列 $Y=\{y_1,y_2,\cdots,y_m\}$ 为建模数据，对于某一风速预测模型，在模型训练时，风速时间序列的输入维数为 $d(d<m)$，输出维数为1，在用训练好的模型预测时，风速时间序列的输入维数为 $d(d<m)$，输出维数为1，对于采用直接预测策略的预测模型，不同的超前预测步数需要训练不同的模型。在预测时，当输入向量为 $\{y_{n+1},y_{n+2},\cdots,y_{n+d}\}$ 时，直接预测策略超前1步（预测结果为 $\hat{y}_{n+d+1}$）、超前2步（预测结果为 $\hat{y}_{n+d+2}$）、超前3步（预测结果为 $\hat{y}_{n+d+3}$）预测过程如式(2-1)所示。直接预测策略过程如图2-1所示。

$$\begin{cases} y_{n+1}, y_{n+2}, \cdots, y_{n+d} \longrightarrow \hat{y}_{n+d+1} \\ y_{n+1}, y_{n+2}, \cdots, y_{n+d} \longrightarrow \hat{y}_{n+d+2} \\ y_{n+1}, y_{n+2}, \cdots, y_{n+d} \longrightarrow \hat{y}_{n+d+3} \end{cases} \tag{2-1}$$

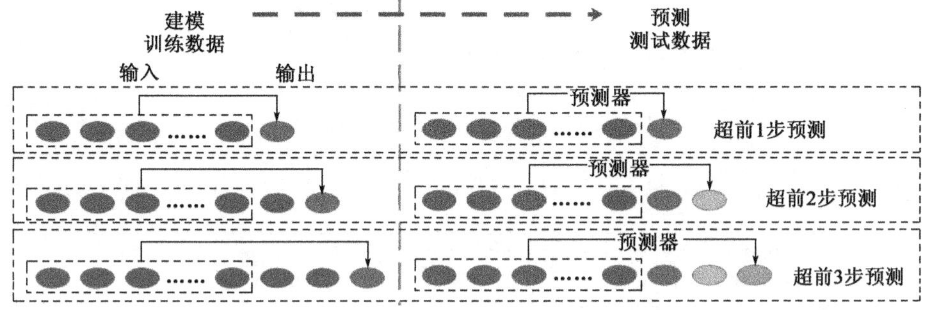

图 2-1 多步直接预测过程

多输入多输出预测策略是直接用输入数据映射多个超前步数的预测,其计算过程可以描述如下。假设风速时间序列 $Y=\{y_1,y_2,\cdots,y_m\}$ 为建模数据,对于某一需要进行超前 1 ~3 步预测的风速预测模型,在模型训练时,风速时间序列的输入维数为 $d(d<m)$,输出维数为 3,在用训练好的模型预测时,风速时间序列的输入维数为 $d(d<m)$,输出维数为 3。在预测时,当输入向量为 $\{y_{n+1},y_{n+2},\cdots,y_{n+d}\}$ 时,其超前 1 步、超前 2 步、超前 3 步预测过程如式(2-2)所示。多输入多输出预测策略过程如图 2-2 所示。

$$y_{n+1}, y_{n+2}, \cdots, y_{n+d} \longrightarrow \hat{y}_{n+d+1}, \hat{y}_{n+d+2}, \hat{y}_{n+d+3} \tag{2-2}$$

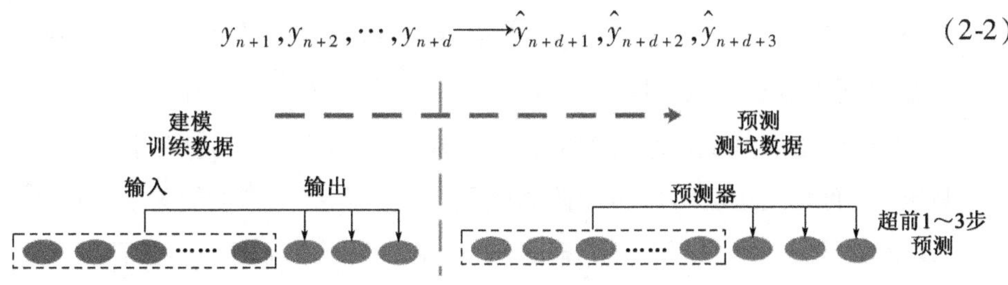

图 2-2 多输入多输出预测过程

递归预测策略是用输入数据映射 1 个超前步数,并通过递归过程实现超前多步预测,其计算过程可以描述如下。假设风速时间序列 $Y=\{y_1,y_2,\cdots y_m\}$ 为建模数据,对于某一需要进行超前 1 ~3 步预测的风速预测模型,在模型训练时,风速时间序列的输入维数为 $d(d<m)$，输出维数为 1。在用训练好的模型预测时，风速时间序列的输入维数为 $d(d<m)$，输出维数为 1，但需要将预测得到的输出代回输入，再递归实现多步预测。在预测时，当输入向量为 $\{y_{n+1},y_{n+2},\cdots,y_{n+d}\}$ 时，其超前 1 步、超前 2 步、超前 3 步预测过程如式(2-3)所示。多输入多输出预测策略过程如图 2-3 所示。

$$\begin{cases} y_{n+1},y_{n+2},\cdots,y_{n+d}\longrightarrow\hat{y}_{n+d+1} \\ y_{n+2},y_{n+3},\cdots,y_{n+d},\hat{y}_{n+d+1}\longrightarrow\hat{y}_{n+d+2} \\ y_{n+3},y_{n+4},\cdots,y_{n+d},\hat{y}_{n+d+1},\hat{y}_{n+d+2}\longrightarrow\hat{y}_{n+d+3} \end{cases} \tag{2-3}$$

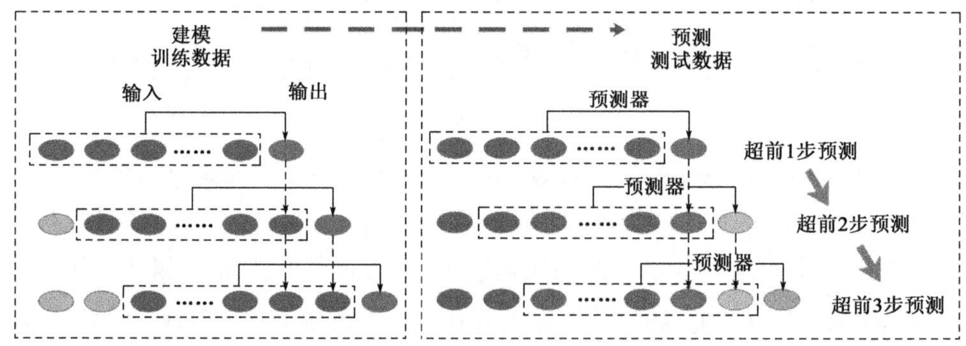

图 2-3　多步递归预测过程

直接预测策略简单、有效、目标明确，但会丢失一部分关联程度较高的信息，如建立超前 3 步预测模型时，超前 1 步、超前 2 步的信息就被忽略，同时，该策略需要针对不同的预测步数训练不同的模型，模型的数据呈现能力有所欠缺。多输入多输出预测策略可以一次性呈现超前 1 步至超前多步的预测结果，使用方便，超前 1 步至超前多步预测的性能较为平衡，但由于风速时间序列具有一定的马尔科夫性，而此类策略对单步预测点的关注与对多步预测点的关注是同等的，因此，该策略会在一定程度上影响模型的超前 1 步至超前多步预测精度。递归预测策略是在单步预测的基础上进行递归而实现的多步预测，考虑到了风速时间序列的马尔科夫性，通常具有较高的预测精度，但其多步预测过程会将各单步预测过程的误差累计，一定程度上也会影响模型的超前多步预测精度。

混合策略通常是直接预测策略、多输入多输出预测策略、递归预测策略以不

同形式进行的组合。对于不同的领域、不同的时间序列数据集,基于同一预测策略的模型会有不同的多步预测精度表现。在风速预测领域,递归预测策略常具有较好的多步预测性能,因此,递归预测策略成为风速预测领域的研究者经常采用的多步预测策略。

2.4 铁路风速预测模型框架

一个完整的铁路风速预测框架通常会融合多种信息处理方法和数据挖掘方法,来实现风速预测。风速预测模型是各国学者研究的重点。随着近年来机器学习方法的飞速发展和各类信息处理技术研究的不断深入,风速预测技术迎来了新的发展机遇,基于混合框架构建风速预测模型成为目前风速预测领域的发展趋势。风速预测模型可以包含很多部分,而模型包含的部分和算法越多、模型越复杂,并不代表模型的综合预测性能越好。通常,由于要考虑计算复杂度、过拟合、过处理、模型鲁棒性等因素,铁路沿线风速预测模型仅通过风速预测模型框架中较少的几个部分来搭建。铁路沿线风速预测模型框架整体上可以分为3个部分:风速数据前处理、预测模型(即铁路风速预测模型)、预测结果后处理,其中每个部分又包含诸多子部分。对于端到端模型,不同功能的计算过程可以融为一体,且其可解释性仍有待发展,为便于理解,本部分从传统机器学习的不同模块角度进行介绍。

2.4.1 铁路风速数据前处理

铁路风速数据前处理包含的内容非常丰富。由于风速传感器常出现一些随机故障及灵敏性问题,导致铁路沿线测风站会出现随机中断、随机跳跃采样以及随机误差采样,使得测风站测得的原始风速存在一些不完整性、错误性、不一致性数据,直接对原始风速数据进行建模会大大降低预测结果的准确性和可靠性,因此需要对原始风速数据进行前处理。在风速预测模型框架中,有时会将数据前处理与模型前处理进行区分,有时也会将针对原始风速数据进行的所有降噪、特征提取等过程都视为模型的前处理过程。

通用的数据前处理方法主要包括数据的清理、集成、变换和归约,对于铁路风速数据，常用的数据前处理方法主要包括风速数据的填充、风速数据离群点的识别与处理、风速数据采样噪声的降噪、风速数据的集成与平均化处理等。

常用的数据填充方法主要包括决策树法、神经网络法、最近邻法、线性回归法、贝叶斯估计法、牛顿插值法、多重填补法、拉格朗日插值法、属性均值及中位数填充法、全局常量填充法等。对于铁路沿线风速预测，风速数据通常会做平均化处理，而平均化处理会一定程度上削弱原始数据中缺失值的影响，从简易性及实时性考虑，铁路风速数据的填充常用较为简单的填充法，如均值填充法、牛顿差值法等。

铁路风速数据离群点的识别主要是根据风速数据特点设定阈值范围，超出预设阈值范围的风速采样点则认为是离群点。常用的离群点识别方法主要包括简单统计法、3σ 原则判定法、箱形图分析法等。简单统计法通常是先预设风速数据的归约范围，再对需要识别的风速数据进行统计描述，超出归约范围的数据认定为离群点。3σ 原则判定法通常要求风速数据大致服从正态分布，对于正态分布，超过均值 3σ 的概率约为 0.003，属于极低概率事件，因此当风速采样数据距离均值大于 3σ 时可以认为该数据为离群点；当风速数据不服从正态分布时，可以参考 3σ 原则思路，依据经验判定标准差倍数，并由此判定当风速采样数据距离均值大于该倍数标准差时，数据可以视为离群点。箱形图分析法是先设定风速数据的上、下四分位数，上四分位数用 U 表示，代表所有风速采样数据中大于 U 的数据占 1/4；下四分位数用 L 表示，代表所有风速采样数据中小于 L 的数据占 1/4。设定上、下四分位数的差值 $IQR = U - L$，上界定义为 $U + 1.5IQR$，下界定义为 $L - 1.5IQR$，当风速采样数据超出上界或下界时，可以认为该数据为离群点。与 3σ 原则类似，箱形图分析法的上下界可以根据实际风速情况进行调整。铁路风速数据离群点的处理主要是删除-填充法，即先将离群点删除，再采用填充法，如均值填充法、牛顿差值法等对该采样点进行修正。

铁路风速数据的降噪主要是为了减少风速采样过程带来的随机误差，这里的降噪方法通常是基于数据光滑原理，主要包括分箱法、回归法、滤波法等。对于铁路风速数据，虽然风速传感器产生的采样噪声与风速数据自身的波动噪声从成因上有所区别，分别针对各自特性进行降噪在原理上更为合理，但由于风速数据噪声成因较多，且数据的均值化处理会一定程度上平滑掉一部分噪声，从模型泛化性、简易型考虑,有时并不单独对采样噪声进行降噪,而是根据平均化处理后的风速情况,不进行或只进行一次综合降噪。为增强风速预测模型对噪声的抗性,除降噪处理外,还有一种较为少见的处理方式,即加噪处理方式,此类方法是先加入噪声,再通过模型来学习真实值,让模型通过学习的方式达到降噪的目的。噪声处理有很多经典方法,传统上,噪声处理和风速预测是各自独立的模型,而对于端到端的学习模型,可以在模型中加入合适的降噪模块来实现降噪。

铁路风速数据的集成通常是将同一位置不同风速传感器测得的风速数据进行集成。在一些情况下,风速传感器会存在不灵敏、随机误差大等情况。为了保证列车运行安全,在一些路段同一测风站会设置多个风速传感器,而当实际应用时需要将多个风速传感器的数据集成为一组数据,以供判断、分析及预测。简易的风速数据集成方法主要是修正-平均法,在平均之前需要先判定各风速传感器数据是否正确,如果所有风速传感器数据都是正确的,则通过平均各组风速传感器数据来实现集成;如果某几个风速传感器数据不正确,且存在至少 1 个风速传感器数据是正确的,则直接使用正确数据的平均值作为最终数据;如果所有风速传感器都是错误的,则先通过填充法、离群点识别与修正方法、降噪法等方式处理,再通过平均各组风速传感器数据来实现集成。铁路风速数据的平均化处理是针对应用需求,将风速采样数据按照一定时间粒度进行平均化处理。平均化处理一方面可以满足不同的工程应用需求,另一方面也可以滤掉一些不合理的风速数据、使风速数据更有利于呈现和预测。

2.4.2 铁路风速预测模型

在铁路风速预测模型框架中,预测模型(即铁路风速预测模型)是核心部分,也是各国学者研究的重点。智能预测模型是基于智能算法构建的多算法混合模型,也是当前研究的热点。铁路风速预测可以应用各种智能算法,如神经网络、支持向量机、遗传算法、粒子群算法等。除智能算法外,在预测模型中还可以根据实际需要包含一些其他算法,如信号处理算法、经典统计算法等。通常,风速预测混合模型的构成按照功能作用可以分为特征提取部分、预测模型部分、参数选择及优化部分、集成部分及误差修正部分等。

特征提取是近年来风速预测领域的一个重要发展方向。由于一些铁路沿线风速信号具有复杂的趋势性、周期性、振荡性等波动特征，直接用特征混叠的数据进行建模不利于预测模型对特征的学习，因此，在一些铁路风速预测混合模型中会包含风速特征提取部分。风速特征提取主要是基于信号处理法或新型特征处理法对风速的混叠波动特征进行分离和提取。通常，当风速存在明显波动特征且风速特征提取部分做得较好时，风速预测混合模型的预测性能会有显著提升。反之，特征提取部分的加入就可能不会提升，甚至会降低模型的预测性能。

预测模型是预测的核心，预测模型的好坏会直接影响风速预测的最终结果。相比于智能预测模型，经典统计模型理论性更强，在对一些小规模数据显性规则的预测上和预测结果的解释上具有一定优势；而相比于一些回归模型、时间序列模型、灰色系统模型等经典统计模型，智能预测模型具有更加强大的非线性映射能力和学习能力。因此在一些大数据、多特征的复杂数据挖掘项目上，智能预测模型常具有预测精度优势。铁路风速数据通常比较复杂，基于智能预测模型进行建模，有利于提取未知数据的隐含特征、提升模型预测精度，有时为了充分利用智能算法和经典统计算法各自的优点，还可以将两类算法结合来构建混合预测模型。

风速预测模型的最终预测精度一方面取决于模型框架的设计，另一方面则取决于模型参数的选取，参数的合理选择及优化对风速预测模型的精度起着重要作用。模型参数在一定程度上可以代表同一模型对不同数据的适应程度，当不同数据之间差异较大时，同一模型在不同数据下的最优参数也会有所差异。对于较为复杂的铁路沿线风速预测模型，由于模型参数较多，每个参数可选范围也较大，为了得到较好的预测结果，可以采用一定的方法对模型参数进行合理化选择。模型参数的选择及优化是重点也是难点，常用的方法主要可以分为智能搜索法、简单搜索法和经验设定法。基于智能搜索算法的参数选择及优化通常对模型的参数搜索较为细致，模型更容易获得优异的预测结果，但此类算法搜索域较广，会大幅增加模型的计算复杂度。当铁路风速预测实时性要求较高时，智能搜索算法只适用于对少数关键参数进行选择与优化。基于简单搜索算法的模型参数选择及优化形式简单、计算速度快，但此类算法只能对参数进行较为粗略

的选择及优化。经验设定法是根据对大量实践数据、模型的调参经验，在一个很小的较优参数范围内选择参数，并通过有限的参数性能比较，获得较为合理的参数，此类方法在工程应用中最为普遍，但需要经验的介入。在风速预测模型中，3类模型参数选择及优化方法都有应用，根据铁路风速预测需求，不同的模型可以选择不同的参数选择及优化策略，一些模型还会同时使用多类参数选择及优化方法。

集成与误差修正属于风速预测模型的精度提升策略。集成通常是在同一组预测需求下设置不同的模型进行预测，再将不同的预测结果进行合理化结合，得到最终的预测结果。集成可以利用不同模型对不同数据的学习优势，通过多模型组合提升模型的泛化性及模型最终的预测精度。集成方法通常可以有效提升单一模型的泛化性和预测精度，但集成方法也会大幅增加模型的复杂度，在一些对实时性、模型简洁性要求较高的工程实践中，集成方法应用较少。误差修正有很多思路，最常见的是先对模型进行训练，然后对训练误差进行分析及预测，最后将模型的预测结果和误差的预测结果相结合，获得最终的预测值。误差修正方法与模型的设计相关性较高，为了避免过拟合及误差叠加现象，在铁路风速预测中，常采用强预测模型 + 弱误差修正方法或弱预测模型 + 强误差修正方法这两种策略。

2.4.3　铁路风速数据后处理

在铁路风速预测混合模型框架中，预测风速后处理是根据实际工程需要，针对模型预测结果进行的一系列修正、变换或扩展过程。其中，修正是指依据铁路沿线实际工程经验，结合一些算法对预测结果中不合理的地方进行修改的过程，如修正预测结果中的离群值、修正预测结果中的噪声等，有时，预测结果后处理中的修正过程可以与预测模型中的误差修正合并进行。变换是指依据铁路沿线实际工程经验，结合一些算法对风速预测结果进行变换性展示的过程。变换的方式比较多样，本质是为了更好地展示铁路风速预测值。例如风速预测结果是平均化处理的风速值，而铁路部门最为关注平均风速超过一定阈值的情况或瞬时最大风速情况，这时就可以通过变换的方式对预测风速值进行处理，如针对风速大小情况,当预测值超过阈值时输出警告、不超过阈值时不输出警告;或针对瞬时最大风速情况,根据统计规律,用预测值估计一定时间段内的瞬时最大风速,并输出。扩展是指对风速预测结果进行扩展性展示的过程,常用的方式是将风速单步预测结果扩展为风速多步预测结果、将风速点预测结果扩展为风速区间预测结果。铁路风速预测后处理过程通常与铁路系统实际工程需求结合较为紧密,可以提升预测结果的实用性和参考价值。

2.5 铁路风速预测结果评价

对于铁路风速预测模型,对模型预测结果的评价是判断模型好坏的重要环节。通常,铁路风速预测模型会从3个角度进行评价:模型计算复杂度、模型鲁棒性和模型预测精度。

模型计算复杂度也称计算效率,常根据模型自身的复杂度或模型的计算时间进行评价。通常,在比较不同类型模型的计算复杂度时,计算时间更为常用,此时须用相同配置的平台来完成计算。对于铁路沿线风速预测,可以通过配置高性能计算平台、优化模型部署、分布式并行化计算等方式来加快计算速度,因此,风速预测模型不仅需要立足现有计算水平,同时还可以适当增加对计算复杂度的扩展性,如增加数据量、加深网络或加大参数搜索范围等,来提升预测效果。

模型鲁棒性有时也称稳定性、泛化性等,常根据模型对同一数据集的多次预测精度、对不同数据集的预测精度、对尖端点的预测精度等进行评价。对于风速预测模型,常出现的问题主要包括欠拟合、过拟合、多次预测结果相差较大、不同数据集预测结果相差较大等,因此,为评价模型的鲁棒性,常采用多个数据集,并对模型进行多次训练及预测来进行综合评判。

模型预测精度常通过一些统计指标来对风速预测值与真实值之间的差异进行评价。在风速预测模型的评价中,预测精度的评价对判断模型的性能起关键性作用。铁路风速预测的精度评价指标主要包括误差标准差(SDE)、平均绝对百分比误差(MAPE)、皮尔逊相关系数(R)、平均绝对误差(MAE)、希尔不等系数(TIC)和均方根误差(RMSE)等。平均绝对百分比误差可以表示风速预测误差与实际风速比值的平均情况;平均绝对误差可以表示风速预测误差的平均情

况;均方根误差可以表示风速预测误差的均方根值,能较好地反映风速预测误差的极值情况。平均绝对百分比误差、平均绝对误差和均方根误差的计算分别如式(2-4)、式(2-5)、式(2-6)所示。

$$\mathrm{MAPE}=\frac{\sum_{t=1}^{N}\left|\frac{[X(t)-\hat{X}(t)]}{X(t)}\right|}{N} \tag{2-4}$$

$$MAE=\frac{\sum_{t=1}^{N}|X(t)-\hat{X}(t)|}{N} \tag{2-5}$$

$$\mathrm{RMSE}=\sqrt{\frac{\sum_{t=1}^{N}[X(t)-\hat{X}(t)]^2}{N}} \tag{2-6}$$

其中,$X(t)$代表实际风速时间序列,即测试集中的标签;$\hat{X}(t)$代表预测风速时间序列,即对测试集中标签的预测;N代表测试集中标签的个数。

除了模型的直接预测精度评价指标外,为了更好地比较不同模型之间预测精度的差异情况,还可以用平均绝对百分比误差提升比率(P_{MAPE})、平均绝对误差提升比率(P_{MAE})、均方根误差提升比率(P_{RMSE})作为比较精度的评价指标,这3种评价指标的计算分别如式(2-7)、式(2-8)、式(2-9)所示。

$$P_{\mathrm{MAPE}}=\left|\frac{\mathrm{MAPE}_1-\mathrm{MAPE}_2}{\mathrm{MAPE}_1}\right| \tag{2-7}$$

$$P_{MAE}=\left|\frac{MAE_1-MAE_2}{MAE_1}\right| \tag{2-8}$$

$$P_{\mathrm{RMSE}}=\left|\frac{\mathrm{RMSE}_1-\mathrm{RMSE}_2}{\mathrm{RMSE}_1}\right| \tag{2-9}$$

其中,MAPE_1、MAPE_2、MAE_1、MAE_2、RMSE_1、RMSE_2分别表示同一测试集下两个比较模型的平均绝对百分比误差、平均绝对误差和均方根误差。

2.6 铁路大风预警的报警机制

铁路大风预警是根据铁路大风行车特点,通过监控各关键风险因素的变化情况,评价不同风险状态所处的预警区间,进而进行报警的过程,报警结果为后续预控对策的提出提供支持。铁路大风预警的报警机制与铁路大风监测点布置情况、大风监测及预测情况等息息相关。

铁路大风监测点的布局和设置是报警机制的重要环节,监测点对沿线各区域极限大风工况的覆盖水平是报警是否可靠的关键性指标。通常,铁路大风监测点的设置间距为 1 ~ 10km,铁路大风监测点的布置会受到沿线地形、环境、局部地区小地形、防风设施情况、风速和线路速度等级等因素的影响,如桥梁、高路堤等区段大风监测点的间隔常为 5 ~ 10km,垭口、峡谷等区段大风监测点的间隔常为 1 ~ 5km[159]。

目前我国铁路大风报警机制主要以长期天气预报和短期大风预测为基础。天气预报主要用于长期预警,便于提前决策;短期大风预测用于短期预警;此外,一些线路采用实时大风监测来进行报警,事实上,这里的大风监测本质是预测手段,即将当前大风情况视为未来大风情况,这种方式在操作上较为简单,但在预测上略显不足。为了稳步推进铁路大风预测模式的发展,一些铁路的大风报警将实测大风与预测大风同步考虑,如日本东京圈内部分铁路的大风预警系统会同时观测最大预测风速和最大实测风速,如有一者超过阈值则进行管制;此外,也有部分铁路大风报警系统用预测大风代替实测大风进行决策。对于目前的铁路大风预警,不论是用大风实测值,还是用大风预测值,或是用大风实测值 + 预测值,都存在预测失真、预警失效问题,如何提升铁路大风预测和预警效果仍需要进一步探索。

在风速阈值设置方面,我国高速铁路将 15 ~ 30m/s 风速路段范围设定为限速区间,风速超过 30m/s 风速路段范围设定为禁行区间。在报警机制方面,我国部分高速铁路大风预警系统对报警的判定是以监测大风是否连续 10s 超过风速阈值为标准,报警解除按照监测风速是否连续 10min 低于报警阈值来处置[160]。基于短期大风预测的铁路大风预警系统在一些线路上也有应用,主要思路是将大风预测结果与风速曲线或特征风曲线的各阈值进行比较,从而提前报警,实现短期预警功能。

铁路大风报警后,通常根据相应的规范进行处理。目前,我国高速铁路大风预警调度工作采用人工处置模式。当高速铁路大风监测系统发出风速“限速”

报警信息后,按如下规定处理:

(1)列车调度员按风速监测子系统报警提示发布限速调度命令,对来不及颁布调度命令的列车,应及时告知列车司机;

(2)当风速不稳定时,调度命令按照最低限速情况发布;

(3)同一路段连续多点报警时合并处理,调度命令按照最低限速情况发布;

(4)列车司机可以视实际情况自行控制列车运行速度,并及时通知列车调度员;

(5)当系统发出"禁止运行"的警报信息时,列车调度员应通过调度系统确定受影响的列车范围,并立即通知有关列车司机停车待避。

第3章

数据驱动的铁路大风预警技术

3.1 引　言

铁路大风监测系统及铁路信息化的建设为铁路大风预警提供了大量关键数据,这些数据为铁路大风预警技术的发展提供了支撑。随着数据挖掘、信号处理、机器学习、优化理论等基础领域的蓬勃发展,数据驱动的铁路大风预警理论、技术和方法渐趋成熟,已逐步成为保障铁路大风行车安全的重要技术手段。目前,在数据驱动的铁路大风预警技术中,铁路风速预测技术发展较为迅速。

一些研究表明,在风速预测模型中,融入基于信号处理的波动特征提取算法可以有效提升风速预测模型的预测精度。Jiang 等[161]建立了基于集合经验模态分解法的风速预测模型,试验结果表明集合经验模态分解法的加入对提升预测模型的精度有积极效果。Sun 等[162]使用相空间重构法来提取风速信号的特征,实现了预测精度的提升。Fei[163]使用混合经验模态分解法和多核相关向量机建立了风速预测模型,并分析了经验模态分解法对预测模型精度的提升效果。Jiang 等[164]将实时离散小波变换法融入所建的风速预测模型中,并通过试验验证了小波变换法的加入有利于风速波动特征的提取,进而有利于提升模型的预测精度。

为了更好地提取风速的波动特征、实现对风速波动特征的精细化提取,一些学者通过将不同信号处理算法结合设计了信号特征多阶提取技术。信号特征多阶提取技术也称多阶分解技术,该技术的思路是利用不同信号处理算法的优势,从不同角度对风速数据的波动特征进行提取,形成特征提取算法层面上的互补。一些学者的研究表明,特征多阶提取技术可以有效实现风速数据波动特征的精细化提取,并对预测模型的精度提升有着显著的效果。Yu 等[165]建立了 3 种风速预测混合模型,并对 3 种模型的预测性能进行了研究,这 3 种模型分别采用经验模态分解法、集合经验模态分解法、完备经验模态分解法作为主要的波动特征提取方法,此外,为了进一步处理高频波动数据,各模型还采用了奇异谱分析方法对高频风速数据进行趋势提取,结果表明基于特征多阶提取技术的模型预测效果优于基于特征一阶提取技术的模型。Peng 等[166]结合变分模式分解法、完备经验模态分解法对风速数据的波动特征进行精细化提取,并通过 AdaBoost 算法和极限学习机来实现风速预测,结果表明相比于基于特征一阶提取技术的模型,加入特征多阶提取技术的混合模型的预测精度有显著提升。Yu 等[167]结合小波分解和奇异谱分析设计了一种基于特征多阶提取技术的风速预测混合模型,结果证实特征多阶提取技术可以提升风速波动特征的提取效果。由上述文献可见,相比于信号特征一阶提取技术,信号特征多阶提取技术有望进一步提升风速预测模型的预测效果。在风速预测领域,信号特征多阶提取技术多采用两种差异较为明显的信号处理算法。这是因为在通常情况下,差异较小的两种信号处理算法所能提取的特征比较相似,与一种信号处理算法进行的特征提取效果接近,此外,信号特征二阶提取通常已能够对风速数据的特征进行较为充分的提取,更多阶的提取一方面对模型预测精度的提升已不明显,另一方面也会增加模型的复杂度。

建立风速特征工程可以有效提升风速预测效果,而对所提取的特征做特征筛选及匹配建模有望令模型的预测效果进一步提升。风速数据特征筛选通常建立在风速特征初步提取之后,通过度量各特征对预测效果的影响,来对特征进行归类、取舍、加权、修正等筛选操作,最终实现风速预测效果的提升。风速特征多步筛选属于混合模型的一种框架搭建思路,一些学者已经对混合模型的框架搭建方法做了一些总结性研究。Tascikaraoglu 等[168]系统性分析了风速预测混合模型的构造及其对预测性能的影响,他们主要将混合模型的框架搭建方法分为加权策略、数据前处理、参数选择和优化、误差修正等。他们还对不同特征筛选方法的优缺点进行了分析,认为加权策略容易实现、泛化性强,但不能保证是最优预测结果、需要额外的模型来估计权重、计算复杂度高;基于分解算法的数据前处理可以显著增加模型的预测性能,但分解算法对新数据适应较慢;参数选择和优化算法具有相对固定的结构,但计算量大;误差修正技术可以有效减少系统误差,但计算量较大。Wang 等[169]分析了降噪方法、参数选择优化方法、模型多步预测策略等对混合模型预测精度的影响。Jung 等[170]对风速预测模型进行了较为全面的总结,他们认为混合模型框架搭建灵活、可以融入物理和统计等多样化方法,最终可以通过利用各子模型的优点来提升混合模型的综合预测性能。Hu 等[171]总结了混合模型常用的方法,通过结合数据预处理、预测过程及参数

选择过程构建了风速预测混合模型，并通过算例分析验证了所建模型具有较好的预测效果。

风速预测模型特征自适应处理常用方法主要包括应用无参自适应算法、应用特征自适应生成算法、设置参数搜索策略等。其中，在信号处理部分中主要采用无参自适应算法，在预测器部分中主要采用参数搜索策略。此外，一些模型可以将信号处理与预测器融为一体，这类模型可以采用特征自适应生成算法来进行特征的自适应处理。

在过去很长一段时间，传统机器学习技术对于一些分类及回归问题的处理进入了瓶颈期，这是因为传统机器学习技术常需要专家确定特征，其预测性能对所确定特征的准确度依赖性较高。而近年来，随着深度学习技术的提出和发展，深度学习以其卓越的性能冲破了一些瓶颈，并对很多传统上比较困难的问题具有极大的解决潜力，成为机器学习领域的一个新的重要分支。深度学习模型削弱了特征的设计过程，从数据中自适应获取并处理低级特征和高级特征，可使用算法的强表示能力对特征处理和预测结果进行同步优化。如在深度学习模型中，卷积神经网络就以其强大的自适应特征构造及处理能力，得到了广泛的认可和应用。

通常，深度学习模型在大样本集的驱动下会具备超越传统机器学习模型的预测效果，而在一些情况下，由于一些深度学习模型具备优越的结构和强大的自适应特征处理能力，即使在较小的样本集下，深度学习模型也会具备很好的预测效果。在时间序列处理方面，深度学习在语言处理、金融预测等方面都取得了卓越的成就。随着技术的发展，很多学者将深度学习算法引入风速预测模型。Chen 等[172]设计了一种基于集成长短期网络（EnsemLSTM）的风速预测模型，该模型使用了不同参数的 LSTM 网络作为子预测器，并采用支持向量机（SVM）和极值优化（EO）策略对模型进行集成和优化，其算例研究表明他们的模型具有较好的预测性能。Wang 等[173]提出了一种基于变分模式分解法、Kullback-Leibler 发散法、能量检测法、样本熵、长短期网络和广义自回归条件异方差模型（GARCH）的风速预测混合模型，通过比较分析得出该模型具有较好的预测性能的结论。深度学习具有优异的高维特征变换功能、极强的模型可塑性以及卓越的目标普适性。目前,较为复杂的深度学习模型仍然存在训练耗时长的问题,在一些要求在线学习或对训练实时性需求较高的风速预测场景不太适用。

目前,数据驱动的铁路大风预警技术研究多集中在铁路风速预测方面,随着数据采集的规范和数据利用度的提高,数据驱动的铁路大风预警技术将成为提升铁路大风行车安全、效率、可靠性的重要技术手段。铁路大风预警的建模可以用到众多理论、方法和技术,很多理论、方法和技术在相关书籍、资料中有详尽的介绍,这里不再赘述。本章主要对数据驱动的铁路大风预警中一些具有代表性的方法和技术进行介绍。

3.2 铁路大风数据前处理技术

铁路大风数据前处理常用到数据基本处理方法、统计学处理方法及信号处理方法。数据基本处理方法主要包括数据读写、数据清洗(插值、填补)、数据变化、数据归约等,统计学方法主要包括归一化、标准化等经典方法,此外,对于数据探索过程还会用到经典概率分布方法,如 Weibull 分布、Burr 分布、Rayleigh 分布等来拟合风速的分布,此类处理属于数据挖掘常规处理方式,这里不再赘述,本节重点介绍信号处理技术。

从数据采集方式上看,铁路大风数据主要是通过机械式或超声波式风传感器采集得到;从数据类型上看,铁路大风数据主要为一维时序或二维图像的结构化数据。在铁路大风预测领域,信号处理技术的研究较为普遍,然而如何合理应用此类技术,至今仍存在争议。一方面,信号处理技术可以用于提取风速数据中的时频、趋势、周期等多种特征,有利于后续分析和预测;另一方面,信号处理技术是用于提取特征而非预测特征变换趋势,由于风速数据常具有时变特征,而信号处理技术具有端点效应,这使得一些情况下信号处理技术难以提升风速预测效果。为将信号处理理论更好地应用于一些预测,一些学者正在积极地探索新的路线,如将信号处理方法转变为神经网络模块融入端到端模型。为便于理解,本节重点介绍已应用于风速预测领域且具有代表性的信号处理技术。

在编程实现上,经典的信号处理技术在很多编程平台上都有较为成熟的工具箱或工具包,根据实际需求可以调用这些工具或是自行编程实现相应功能,本节主要以 MATLAB 为例进行介绍。

3.2.1 小波降噪

小波降噪是一种数学信号处理方法,其计算过程如下:首先采用适当的小波滤波器通过 Mallat 算法将原始风速信号分解为多个不同风速子层;由于在不同尺度下,实际风速的趋势成分与噪声成分的小波系数具有不同强度的分布,因此可以设置合适的方法去除各尺度下噪声成分的小波系数,同时保留趋势成分的小波系数;最后,用小波逆变换对剩下的小波系数进行重构,实现小波降噪。

通常,根据小波系数处理方式的区别,可以将小波降噪分为 3 种类型:小波模极大值降噪、空域相关降噪、小波阈值降噪。这里主要对小波阈值降噪方法进行介绍。小波阈值降噪是选择合适的阈值对小波系数进行范围截取,通常是将阈值外的小波系数置零或设为其他合适值,同时保留或增强阈值内的小波系数。对于小波阈值降噪,小波基、小波分解层数、阈值选择和阈值函数选择是影响降噪效果的主要因素。

小波基是小波分析的重要环节,不同小波基对风速信号的匹配程度不同,选择匹配情况较差的小波基会使小波分解得到的风速子层特征不够显著、影响小波阈值降噪的效果,因此,需要根据实际风速信号情况来选择或构造恰当的小波基。

小波分解层数会影响风速趋势信号与噪声之间差异(简称"信噪差")的表现。通常,分解层数越多,信噪差就越明显,同时也越利于区分风速趋势信号与噪声。然而,过多的分解层数会使重构得到的风速信号失真,这种情况又对降噪效果产生反作用,因此,需要根据实际风速信号情况确定适当的分解层数。

小波阈值选择方法有很多,如固定阈值选择、极大极小阈值选择、启发式阈值选择和无偏风险估计选择等。

在采用固定阈值选择方法时,设小波系数向量长度为 n,则固定阈值 tr 的计算如式 3-1所示。

$$tr = \sqrt{2\lg n} \tag{3-1}$$

在采用极大极小阈值选择方法时，设小波系数向量长度为 n，将原始风速信号视为未知回归函数估计值，再将估计的最大风险做最小化处理，对于风速时间序列信号实现最大均方差最小化，极大极小阈值的计算如式(3-2)所示。

$$tr = \begin{cases} 0.3936 + 0.1829\ln(n-2) & n > 32 \\ 0 & n \leqslant 32 \end{cases} \tag{3-2}$$

在采用启发式阈值选择方法时，设小波系数向量长度为 n，结合 rigrsure 和 sqtwolog 法进行分析，先计算 eta 和 crit 值，如式(3-3)所示。

$$\begin{cases} eta = \dfrac{\sum\limits_{k=1}^{n} |X_k|^2 - n}{n} \\ \mathrm{crit} = \sqrt{\dfrac{1}{n}\left(\dfrac{\lg n}{\lg 2}\right)^3} \end{cases} \tag{3-3}$$

其中，X_k 为小波系数向量中第 k 个元素，$k=1,2,\cdots,n$。

则启发式阈值的计算如式(3-4)所示。

$$tr = \begin{cases} \mathrm{sqtwolog} & eta < \mathrm{crit} \\ \min\{\mathrm{rigrsure}, \mathrm{sqtwolog}\} & eta \geqslant \mathrm{crit} \end{cases} \tag{3-4}$$

在采用无偏风险估计选择方法时，采用基于 Stein 无偏似然估计方法进行自适应阈值选择，其主要包含如下步骤：

(1)设小波系数向量长度为 n，将小波系数向量各元素取绝对值再平方，对处理后的元素从小到大排列，获得新的待估向量 $\boldsymbol{T} = [T_1, T_2, \cdots T_n]$。

(2)对风险向量 $\boldsymbol{R}$ 进行计算，如式(3-5)所示。

$$R_k = \frac{n - 2k + (n-k)\boldsymbol{T}k + \sum\limits_{i=1}^{k} T_i}{n} \qquad k = 1, 2, \cdots n \tag{3-5}$$

(3)寻找 $\boldsymbol{R}$ 的最小值所对应元素的 k 值，获得阈值，如式(3-6)所示。

$$tr = \sqrt{T_k} \tag{3-6}$$

阈值函数可以在选择完小波系数阈值之后，对小波系数进行修正，即将噪声的小波系数置零或设定为其他适当值。阈值函数主要分为硬、软两种。

硬阈值函数是在比对阈值与小波系数 $|X_k|$ 后，如果 $|X_k|$ 大于阈值则小波系

数保持不变，如果 $|X_k|$ 不大于阈值则小波系数置零，这一过程如式(3-7)所示。

$$X_{k(tr)}=\begin{cases}X_k & |X_k|>tr\\0 & |X_k|\leq tr\end{cases} \tag{3-7}$$

软阈值函数是先比较阈值与小波系数的绝对值 $|X_k|$，如果 $|X_k|$ 大于阈值则小波系数缩化为其与阈值之差，如果 $|X_k|$ 不大于阈值则小波系数置零，这一过程如式(3-8)所示。

$$X_{k(tr)}=\begin{cases}sgn(X_k)(|X_k|-tr) & |X_k|>tr\\0 & |X_k|\leq tr\end{cases} \tag{3-8}$$

其中，*sgn* 表示会返回参数的正值或负值的函数。

MATLAB 自带专门的小波工具箱，可以用于探索风速数据特征。在编写脚本文件时，风速数据的处理可以直接调用一维信号的小波降噪 wden 函数，如下述代码所示。

```
xd = wden(x,tptr,sorh,scal,n,'wname')
```

其中，xd 为降噪处理后的数据；x 为原始含噪数据；tptr 可以选择无偏估计、启发式阈值、固定阈值、极大极小阈值；sorh 可以定义软、硬阈值；scal 可以定义阈值随噪声的变化方式；n 表示小波分解层数；wname 表示小波母波种类。

3.2.2　小波包分解

小波分析是现代应用数学与智能控制等领域杰出的代表性理论。相比于 Gabor 分析和傅里叶分析，小波分析在时、频域分析上具备更优异的局部化性质，在国际上有数学显微镜的美称。小波变换可以将一组信号分解为不同频段的多组成分，从而获得多尺度高分辨率的特征信息。

对于连续的风速信号 $f(T)$，其采用母小波函数 $\Psi(T)$ 进行连续小波变换的过程如式(3-9)所示。

$$CWT_f(a,b)=\langle f(T),\Psi_{a,b}(T)\rangle=\frac{\int_{-\infty}^{+\infty}f(T)\Psi^*[(T-b)/a]}{\sqrt{a}\mathrm{d}T} \tag{3-9}$$

其中，$*$ 代表复共轭；a 为尺度系数；b 为平移系数。

为了对铁路沿线风速进行程序化操作，在设计此类风速的连续小波或连续小波变换时通常会进行离散处理。如果风速采样信号属于离散信号，可以设为 $f(n\times t)$，$n=1,2,\cdots,N$，其中 n 为采样点，t 为采样间隔时间，则小波的离散处理如式(3-10)所示。

$$\langle f(n\times t),\Psi_{a,b}(t)\rangle=\frac{\sum_{n=0}^{N-1}f(n\times t)\Psi\left(\frac{n\times t-b}{a}\right)}{\sqrt{a}} \tag{3-10}$$

离散小波变换可以通过对连续小波变换的尺度及位移参数按照2的幂次离散化处理得到，如式(3-11)所示。

$$\begin{cases}a=2^j\\b=k2^j\end{cases} \tag{3-11}$$

其中，$j,k\in Z$，j 为尺度变换系数，k 为平移变换系数；a 被2的幂函数从频率轴划分为二进制且相邻的频带；b 在时间轴的二进制位置取值。则据此可以得到离散小波变换如式(3-12)所示。

$$DWT_f(j,k)=\frac{\sum_{n=0}^{N-1}f(n\times t)\Psi\left(\frac{n\times t-k2^j}{2^j}\right)}{2^{\frac{j}{2}}} \tag{3-12}$$

多分辨分析方法可以获取正交小波基，是一个多层次分析过程。多分辨分析方法是以 $L^2(R)$ 空间的一个闭子空间 V_j 作为基底，再逐层扩展到整个空间，闭子空间 V_{j+1} 等于小波空间 W_j 与闭子空间 V_j 之和，即 $V_j\oplus W_j=V_{j+1}$。小波空间可以捕获由 V_j 逼近 V_{j+1} 时损失的信息。V_{j+1} 的计算过程如式(3-13)所示。

$$V_{j+1}=V_0\oplus W_0\oplus V_0\oplus W_0\oplus\cdots\oplus V_j\oplus W_j \tag{3-13}$$

当风速 $f_{j+1}(t)\in V_{j+1}$ 时，$f_{j+1}(t)$ 的计算过程如式(3-14)所示。

$$f_{j+1}(t)=f_j(t)+d_j(t)=f_0(t)+d_0(t)+d_1(t)+\cdots+d_j(t) \tag{3-14}$$

其中，$f_k(t)\in V_k$；$d_k(t)\in W_k$；$k\in[0,j]$。

对 $L^2(R)$ 进行一套闭子空间 $\{V_j\}$ 分析称作一个多分辨逼近。如果在多分辨分析中满足以下条件：

单调性：$V_j\in V_{j-1}$，$j\in Z$。

逼近性：$\cap V_j=\{0\}$，$\cup\overline{V}_j=L_2(R)$。

伸缩性：$u(x)\in V_j$，$u(2x)\in V_{j-1}$。

平移不变性：$u(x) \in V_0, u(x-k) \in V_0, k \in Z$。

Riesz 基：$\{g(x-k)k \in Z\}$ 可以构成 V_0 的 Risez 基，$g \in Z$。

则将 $\varphi(t)$ 称为尺度函数，其伸缩与平移系数 $\varphi_{j,k}$ 可以构成闭子空间 $\{V_j\}_{j \in Z}$，则多分辨分析过程（clos 为求指数解函数）如式(3-15)所示。

$$V_j = \text{clos}(L^2(R)) \qquad < \varphi_{j,k}, j, k \in Z > \tag{3-15}$$

其中，$\varphi_{j,k} = 2^{\frac{j}{2}} \varphi(2^j t - k)$。

对风速 $f(t) \in L^2$ 进行小波分解时，可以得到不同尺度下的趋势分量 A_J 和细节分量 D_j，A_J 和 D_j 如式(3-16)所示：

$$\begin{cases} A_J(t) = \sum_{k \in Z} c_{J,k} \varphi_{J,k}(t) \\ D_j(t) = \sum_{i=1}^{J} \sum_{k \in Z} d_{i,k} \Psi_{i,k}(t) \end{cases} \tag{3-16}$$

则风速 $f(t) \in L^2$ 的分解过程如式(3-17)所示。

$$f(t) = \sum_{k \in Z} c_{J,k} \varphi_{J,k}(t) + \sum_{i=1}^{J} \sum_{k \in Z} d_{i,k} \Psi_{i,k}(t) \tag{3-17}$$

小波分解过程如图 3-1 所示。

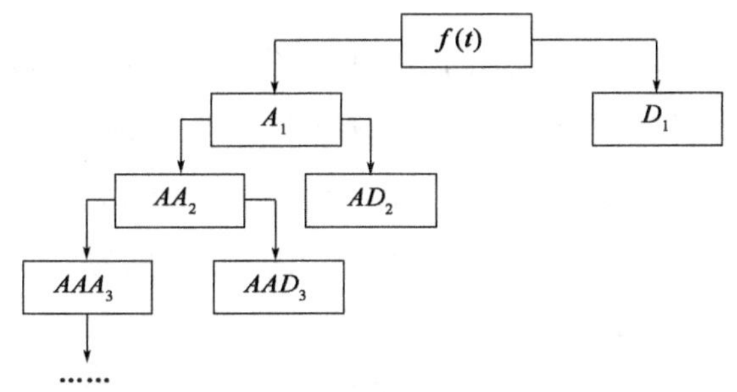

图 3-1　小波分解过程图

图 3-1 中 $f(t)$ 表示原始信号，A 表示趋势分量，D 表示细节分量，下标的数字表示第几级分量。如将 1 级趋势分量 A_1 继续分解为 2 级趋势分量 AA_2 和 2 级细节分量 AD_2；将 2 级趋势分量 AA_2 继续分解为 3 级趋势分量 AAA_3 和 3 级细节分量 AAD_3。

小波系数是使用 $\widetilde{\Psi}$ 作为基小波时离散小波的变换系数，在对风速信号进行小波分解时，分解结果由小波系数 $\{c_{j,k}\}$ 和 $\{d_{j,k}\}$ 决定。对于确定的 j，通过 $c_{j,k}$ 求

$c_{j+1,k}$与 $d_{j+1,k}$的过程为分解过程,通过 $c_{j+1,k}$与 $d_{j+1,k}$求 $c_{j,k}$的过程为重构过程。Mallat 算法为小波分解与重构的常用算法。

用 Mallat 算法进行小波分解,可以得到 J 次的分解系数$\{d_{1,k},d_{2,k},\cdots,d_{J,k}\}$和最大尺度系数 $c_{J,k}$,令 $c_{0,k}=f(t)$,则分解式如式(3-18)所示。

$$\begin{cases} c_{j+1,k} = \sum_l \overline{h}_{l-2k} c_{j,l} \\ d_{j+1,k} = \sum_l \overline{g}_{l-2k} c_{j,l} \end{cases} \tag{3-18}$$

令 $\hat{x}(n)$为 $x(n)$的插零表示,则 $\hat{x}(n)$如式(3-19)所示。

$$\hat{x}(n) = \begin{cases} x\left(\dfrac{n}{2}\right) & n=2m \\ 0 & n=2m+1 \end{cases} \tag{3-19}$$

则 Mallat 算法的重构过程如式(3-20)所示。

$$c_{j,k} = \sum_l (h_{k-l} c_{j+1,l} + g_{k-l} d_{j+1,l}) \tag{3-20}$$

其中,h_k和 g_k 分别是小波基所对应的低通和高通滤波器的脉冲响应;$\overline{h}_k$和$\overline{g}_k$ 是 h_k和 g_k 的逆序。

小波分解是将每层分解得到的低频趋势分量进一步分解为下一层低频趋势分量和高频细节分量,然而在一些风速数据中,一些关键的跳跃波动信息会蕴含在高频细节分量中。小波包分解是小波分解的一种变形,小波包分解会对每层的低频分量和高频分量都进行进一步分解,以此获得更为充分的高频细节信息,小波包分解过程如图 3-2 所示。

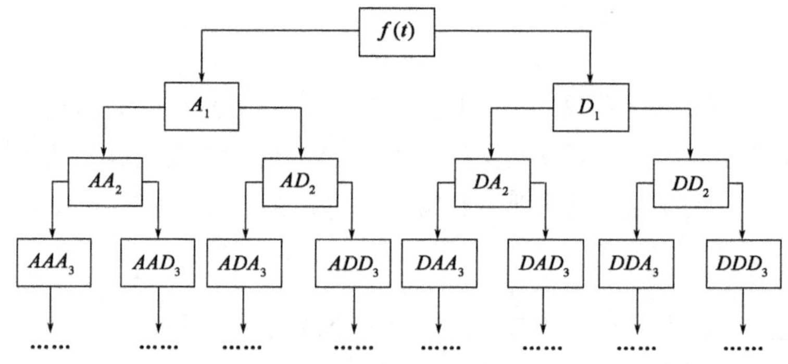

图 3-2　小波包分解过程图

图 3-2 中的参数与图 3-1 类似，只是将细节分量也进行分解，如 DD_2 就表示分解了 2 次细节分量，DAD_3 表示按照细节-趋势-细节分解得到的分量。

在 MATLAB 脚本文件中，小波包分解可以直接调用内部 wpdec 函数，如下述代码所示。

```
T = wpdec(X, N, 'wname', E, P)
```

其中，T 表示小波包分解结果；X 表示原始数据；N 表示分解层数；wname 表示母小波种类；E 表示熵类型；P 为一个可选参数。

需要注意的是，如果要分别提取小波包分解后的结果，需要在分解之后加一个提取过程，如采用 2 层小波包分解，各层分解结果的提取如下述代码所示。

```
wpt{1,:} = wprcoef(T,[2,0]);
wpt{2,:} = wprcoef(T,[2,1]);
wpt{3,:} = wprcoef(T,[2,2]);
wpt{4,:} = wprcoef(T,[2,3]);
```

3.2.3　经验模态分解

经验模态分解（EMD）法是一种时域信号处理方法，可以将复杂的风速时间序列自适应地分解为若干个本征模函数（IMF）和一个残差序列[174]。每个经 EMD 分解得到的风速子序列均包含不同的时频信息，不同的 IMF 具有不同的频率和宽度，IMF 能较好地提取原始风速时间序列的各局部振荡特征。各本征模函数必须满足下列准则：

（1）在整个数据集中，极大值点和极小值点的数目之差必须不大于 1。

（2）上、下包络线分别由各局部极值确定，上包络线和下包络线的平均值为零。

在两个准则中，第 1 条准则确保本证模态函数在各振荡周期内只有一个振荡模态，无其他复杂干扰波；第 2 条准则用极值点上下包络线均值来替代局部均值，从而确保函数对称性，使得瞬时频率不会有非对称波带来的扰动。本征模函数代表了风速信号固有的振荡模态，该模态属于既调幅又调频的波，可以是平稳的也可以是非平稳的。经验模态分解法的执行步骤如下所示。

(1)提取风速 $X(t)$ 中所有的局部极大值和极小值。

(2)将各极大值采用3次样条插值法相连得到上包络线 $X_U(t)$,将各极小值采用3次样条插值法相连得到下包络线 $X_L(t)$。

(3)计算上下包络线的均值 $M(t)$,如式(3-21)所示。

$$M(t)=\frac{[X_U(t)+X_L(t)]}{2} \tag{3-21}$$

(4)设置变量 $Y(t)$,如式(3-22)所示。

$$Y(t)=X(t)-M(t) \tag{3-22}$$

(5)如果变量 $Y(t)$ 满足了本征模函数的准则,则令 $C(t)=Y(t)$;否则用 $Y(t)$ 替代 $X(t)$,并重复(1)~(4),直到满足本征模函数的准则。

(6)计算残差 $R(t)$,如式(3-23)所示。

$$R(t)=X(t)-C(t) \tag{3-23}$$

用 $R(t)$ 替代 $X(t)$,并重复(1)~(5),直到找到所有的本征模函数。

EMD 算法有开源的 MATLAB 工具包,使用时需要先进行导入。此外,EMD 工具包一般同时含有 EEMD、CEEMDAN 等延伸算法,不同的工具包使用方法略有不同,同一个工具包内,不同算法的调用则较为相似,这里以其中一种工具包的 EMD 算法为例。其调用方式如下述代码所示。

```
imf = emd(x)
```

其中,imf 表示本征模函数;x 表示原始数据。其可视化可以使用代码 emd_visu = (x,t,imf),其中 t 表示数据个数,定义方式如 t = 0:1:500。当调用某个本征模函数时,如令 x3 等于第 3 个本征模函数,可以输入代码 x3 = imf(3,:)。

3.2.4 经验小波分解

经验小波分解(EWT)法可有效识别、提取时间序列信号的有限个固有模态,可用于构建铁路大风数据的特征。

经验小波分解可以看作是根据信号的频谱特性选择的一组带通滤波器,它是将小波分解算法与经验模态分解算法相结合的算法。为确定带通滤波器的频率范围,经验小波分解法对信号的傅里叶谱进行了分割。经验小波分解主要包括5个部分:扩展信号、傅里叶变换、提取边界、建立滤波器组、提取子带,其计算过程主要包括以下3步。

(1)将原始风速序列的傅里叶谱分为 N 个连续段。每段之间的界限为 ω_n，其中 $\omega_0=0$、$\omega_N=0$。每段可定义为 $\Lambda_n=[\omega_{n-1},\omega_n]$，且 $\cup_{n=1}^{N}\Lambda_n=[0,\pi]$。对于每个 ω_n，使用具有宽度 $2\tau_n$ 的过渡相 T_n，并且 $\tau_n=\gamma\omega_n$。其中，γ 范围的定义如式(3-24)所示。

$$\gamma<\min_n\left(\frac{\omega_{n+1}-\omega_n}{\omega_{n+1}+\omega_n}\right) \tag{3-24}$$

(2)构造一系列基于 Little-wood-Paley 和 Meyer 小波的经验小波。对于 $\forall n>0$，经验标度函数 $\hat{\phi}_n(\omega)$ 和经验小波函数 $\hat{\varphi}_n(\omega)$ 分别如式(3-25)、式(3-26)所示。

$$\hat{\phi}_n(\omega)=\begin{cases}1 & |\omega|\leqslant(1-\gamma)\omega_n\\ \cos\left[\frac{\pi}{2}\beta\left(\frac{1}{2\tau_n}|\omega|-\omega_n+\tau_n\right)\right] & (1-\gamma)\omega_n\leqslant|\omega|\leqslant(1+\gamma)\omega_n\\ 0 & 其他\end{cases} \tag{3-25}$$

$$\hat{\varphi}_n(\omega)=\begin{cases}1 & \omega_n(1+\gamma)\leqslant|\omega|\leqslant(1-\gamma)\omega_{n+1}\\ \cos\left[\frac{\pi}{2}\beta\left(\frac{1}{2\tau_{n+1}}|\omega|-\omega_{n+1}+\tau_{n+1}\right)\right] & (1-\gamma)\omega_{n+1}\leqslant|\omega|\leqslant(1+\gamma)\omega_{n+1}\\ \sin\left[\frac{\pi}{2}\beta\left(\frac{1}{2\tau}|\omega|-\omega_n+\tau_n\right)\right] & (1-\gamma)\omega_n\leqslant|\omega|\leqslant(1+\gamma)\omega_n\\ 0 & 其他\end{cases} \tag{3-26}$$

其中，$\beta(x)$ 的计算方法如式(3-27)所示。

$$\beta(x)=x^4(35-84x+70x^2-20x^3) \tag{3-27}$$

近似系数 $W_f^{\varepsilon}(0,t)$ 由经验标度函数的内积获得，如式(3-28)所示.

$$W_f^{\varepsilon}(0,t)=\langle f,\phi_1\rangle=\int f(\tau)\overline{\phi_1(\tau-t)}d\tau \tag{3-28}$$

细节系数 $W_f^{\varepsilon}(n,t)$ 由经验小波的内积得到，如式(3-29)所示：

$$W_f^{\varepsilon}(n,t)=\langle f,\psi_n\rangle=\int f(\tau)\overline{\psi_n(\tau-t)}d\tau \tag{3-29}$$

(3)重建风速序列,重建序列和经验模型的计算如式(3-30)、式(3-31)、式(3-32)所示。

$$f(t) = W_f^{\varepsilon}(0,t) \times \phi_1(t) + \sum_{n=1}^{N} W_f^{\varepsilon}(n,t) \times \psi_n(t) \tag{3-30}$$

$$x_0(t) = W_f^{\varepsilon}(0,t) \times \phi_1(t) \tag{3-31}$$

$$x_k(t) = W_f^{\varepsilon}(k,t) \times \psi_k(t) \tag{3-32}$$

EWT 算法有开源的 MATLAB 工具包,使用时需要先进行导入,不同的工具包使用方法略有不同,这里不再赘述。

3.2.5 奇异谱分析

奇异谱分析(SSA)法是一种广泛应用于时间序列分析的方法。奇异谱分析方法可以有效识别并提取风速时间序列中的趋势信息、振荡信息、周期信息、准周期信息及噪声信息等[175]。通常,奇异谱分析包含 4 个步骤:嵌入、奇异值分解、分组、对角平均。其中,嵌入和奇异值分解过程属于数据分解,分组和对角平均过程输入数据重构。奇异谱分析的具体计算过程可以描述如下[176]。

(1)嵌入。在此步骤中,原始风速时间序列 $\boldsymbol{X} = (X_1, \cdots, X_N)$ 被转移到具有 L 维度的轨迹矩阵 $\boldsymbol{Y} = (\boldsymbol{Y}_1, \cdots, \boldsymbol{Y}_L)$,其中 $2 \leqslant L \leqslant N$。矩阵 $\boldsymbol{Y}$ 的每个元素被定义为 $Y_i = (X_i, \cdots, X_{i+L-1})$,矩阵 $\boldsymbol{Y}$ 如式 3-33 所示。

$$\boldsymbol{Y} = \begin{pmatrix} X_1 & X_2 & \cdots & X_K \\ X_2 & X_3 & \cdots & X_{K+1} \\ \vdots & \vdots & \ddots & \vdots \\ X_L & X_{L+1} & \cdots & X_N \end{pmatrix} \tag{3-33}$$

其中,$K = N - L + 1$。

(2)奇异值分解。在此步骤中,矩阵 $\boldsymbol{Y}$ 被分解为 d 个部分,$d = \mathrm{rank}(\boldsymbol{Y})$。通过奇异值分解,矩阵 $\boldsymbol{YY}^{\mathrm{T}}$ 的特征向量$(\boldsymbol{\lambda}_i, \boldsymbol{U}_i, \boldsymbol{V}_i)$可以通过 $\boldsymbol{\lambda}_i$ 的降序得到,其中 λ_i 表示奇异值,$\boldsymbol{U}_i$ 表示左特征向量,$\boldsymbol{V}_i$ 表示右特征向量,因此矩阵 $\boldsymbol{Y}$ 可以被改写,如式(3-34)、式(3-35)所示。

$$\boldsymbol{Y} = \boldsymbol{Y}_1 + \boldsymbol{Y}_2 + \cdots + \boldsymbol{Y}_d \tag{3-34}$$

$$Y_i = \sqrt{\lambda_i} U_i V_i^{T} \tag{3-35}$$

(3)分组。在此步骤中,选择 d 个部分中的 m 个作为趋势分量。定义 $I=\{I_1,\cdots,I_m\}$,$Y_I=Y_{I_1}+\cdots+Y_{I_m}$,在式中 Y_I 通常表示风速时间序列中的趋势分量,其他$(d-m)$分量则根据情况表示周期分量、准周期分量、振荡分量或噪声分量。

(4)对角平均。在此步骤中,通过 Hankelization 过程,所得的$\{Y_{I_1},Y_{I_2}\cdots,Y_{I_m}\}$组被转换为风速时间序列组$\{X_{I_1},X_{I_2},\cdots,X_{I_m}\}$,则原始风速时间序列的分解结果如式(3-36)所示。

$$X = X_{\text{trend}} + X_{\text{noise}} = X_{I_1} + X_{I_2} + \cdots + X_{I_m} + X_{\text{noise}} \tag{3-36}$$

SSA 算法有开源的 MATLAB 工具包,使用时需要先进行导入,不同的工具包使用方法略有不同。这里以其中一种为例,其调用方式如下述代码所示。

```
[d,y,vr] = ssa(xl,L,I)
```

其中,d 表示特征值;y 表示经过处理的重构风速时间序列;vr 表示相对于原始轨迹矩阵的近似轨道矩阵范数的相对值;xl 表示原始风速时间序列;L 表示时间窗长度;I 表示第 I 个索引。

3.2.6 变分模态分解

变分模态分解(VMD)法是一种非递归信号处理算法,可以利用变分模型将一个风速信号分解为一系列具有特定带宽的模态。每个模态可以围绕分解过程中确定的中心脉动进行压缩。各模态带宽的计算步骤如下:①对于每个模态,采用 Hibert 变换得到单边频谱;②对于每个模态,应用指数调谐相应估计的中心频率,从而将模态的频谱传输到基带;③对于每个模态,利用解调信号的高斯平滑度估计带宽。约束变分问题如式(3-37)所示[177]。

$$\begin{cases} \min\limits_{u_k,w_k}\left\{\sum\limits_{k=1}^{K}\left\| \partial_t\left[\left(\delta(t)+\dfrac{j}{\pi t}\right)\otimes u_k(t)\right]\mathrm{e}^{-jw_k t}\right\|_2^2\right\} \\ \sum\limits_{k=1}^{K} u_k = f(t) \end{cases} \tag{3-37}$$

其中,$f(t)$表示原始风速信号;t 表示时间脚本;K 表示模态的数量;∂_t 表示

对内部函数求 t 的偏导数;$\delta(t)$表示狄拉克分布;j 表示虚数单位;u_k 表示第 k 个模态;w_k 表示中心频率;⊗表示卷积算子;模态中的高阶模态代表低频风速子层。当 K 取值合理时,可以有效抑制风速信号中的模态混叠现象。

为了将上述优化问题转化为无约束优化问题,采用了惩罚项和拉格朗日乘子,如式(3-38)所示。

$$L(u_k,w_k,\lambda)=\alpha\sum_{k=1}^{K}\left\|\partial_t\left[\left(\delta(t)+\frac{j}{\pi t}\right)\otimes u_k(t)\right]e^{-jw_kt}\right\|_2^2+\left\|f(t)-\sum_{k=1}^{K}u_k(t)\right\|_2^2+\left\langle\lambda(t),f(t)-\sum_{k=1}^{K}u_k(t)\right\rangle \tag{3-38}$$

其中,α 表示所需数据保真性约束的平衡参数;$\lambda(t)$表示拉格朗日乘子。

用增广拉格朗日鞍点的交替方向乘子法(ADMM)可以求解式(3-17)中相应的无约束问题。基于增广拉格朗日鞍点的交替方向乘子法,u_k 和 w_k 可以从两个方向上进行更新来完成变分模态分解法的分析。

u_k 的优化问题求解过程如式(3-39)所示。

$$\hat{u}_k^{n+1}=\frac{\hat{f}(w)-\sum_{i\neq k}\hat{u}_i(w)+\dfrac{\hat{\lambda}(w)}{2}}{1+2\alpha\,(w-w_k)^2} \tag{3-39}$$

式中,n 表示迭代次数;$\hat{f}(w)$、$\hat{u}_i(w)$、$\hat{\lambda}(w)$和 $\hat{u}_k^{n+1}$ 分别为 $f(t)$、$u_i(t)$、$\lambda(t)$和 $u_k^{n+1}(t)$的傅里叶变换。

w_k 的优化问题求解过程如式(3-40)所示。

$$w_k^{n+1}=\frac{\int_0^{\infty}w\,|\hat{y}_k^{n+1}(w)|^2\mathrm{d}w}{\int_0^{\infty}|\hat{y}_k^{n+1}(w)|^2\mathrm{d}w} \tag{3-40}$$

VMD 算法有开源的 MATLAB 工具包,使用时需要先进行导入,不同的工具包使用方法略有不同,这里以其中一种为例。其调用方式如下述代码所示。

```
[u, u_hat, omega] = VMD(signal, alpha, tau, K, tol)
```

其中,u 表示分解模式的集合;u_hat 表示模式的谱;omega 表示预估模式的中心频率;signal 表示待处理的一维时域信号;alpha 表示数据保真度约束的平衡参数;tau 表示双频段上升的时间步长;K 表示需要分解的模式数;tol 表示收敛准则的容限。

3.3 铁路大风预测技术

铁路大风预测通常是预测线路两侧远方来流的方向和大小,远方来流会受到局部地形影响。对于没有防风设施的线路,测风点大风数据可以较好地反应列车上的气动载荷,评判行车安全性相对容易;而对于有防风设施的线路,测风点大风数据与作用在列车上的气动载荷差异较大,为了反映真实情况,常对特定地点、特定挡风墙用流体力学方法进行模拟,推断出远方来流的安全范围,再与大风预测技术结合来评判行车安全性。

目前,在工程应用上,铁路大风预测以经典的时间序列法为主,这主要是因为时间序列法理论扎实、计算速度快、预测效果稳定。随着机器学习等相关理论和技术的进步,一些新的方法开始被研究或应用于铁路短时大风预测,取得了较好的效果。从问题定义角度看,简单的铁路大风预测可以是单因素时间序列预测问题;如果考虑空间相关、较简单的多因素,铁路沿线短时大风预测问题就变为多因素时间序列预测问题;而如果将复杂的环境特征、流场变换等都纳入考虑,铁路沿线大风预测则成为一个流体力学计算问题,通常此类计算时间较长,难以满足短期预测需求,虽然有学者在进行相关尝试,但此类研究还未成熟,这里不做详细介绍。单因素和多因素时间序列预测问题属于经典问题,近年来对此类问题的研究非常多,涌现了很多可以用于铁路短时大风预测的方法,如时间序列算法、滤波算法以及随机森林、支撑向量机、神经网络算法等,本节选取一些具有代表性的大风预测技术进行重点介绍。

在编程实现上,机器学习在很多编程平台上都有较为成熟的框架或工具包,根据实际需求可以调用这些工具或是自行编程实现相应功能,本节主要以Python为例进行介绍。

3.3.1 时间序列算法

在时间序列算法中,AR、ARMA、ARIMA、ARIMAX、VAR 等模型属于同一系列的经典时间序列预测模型,本小结以 ARIMA 模型为例进行介绍。

ARIMA 是一种分析时间序列的数学方法,其中 I 表示差分阶数,目的是通过 I 阶差分,将原始时间序列处理为平稳的时间序列。

对于风速数据,如果存在单位根过程,则会导致风速时间序列的回归分析中出现伪回归现象,此时风速时间序列就是不平稳的,反之就认为风速时间序列是平稳的。单位根检验用于检验风速时间序列中是否存在单位根。ADF 检验通过在 AF 检验回归公式后端加入滞后差分项来实现对高阶序列相关性的控制。单位根检验过程如式(3-41)所示。

$$\Delta y_t = \alpha + \beta t + \gamma y_{t-1} + \delta_1 \Delta y_{t-1} + \cdots + \delta_{p-1} \Delta y_{t-p+1} + \varepsilon_t \tag{3-41}$$

其中,α 是常数项;β 是时间趋势系数;βt 代表趋势项;p 是自回归滞后阶数。当 $\alpha=0$ 且 $\beta=0$ 时,模型不含常数项和趋势项;仅当 $\beta=0$ 时,模型不含趋势项。对于式(3-38),原假设为 H0:$\gamma=0$,此时存在单位根,风速时间序列不平稳;备择假设为 H1:$\gamma<0$。取 y_{t-1} 的 OLS 法下的 t 检验值作为 ADF 检验的统计量值,如果统计量值小于给定显著性水平下的临界值,则认为在该显著性水平下统计量值足够小,此时拒绝原假设,即风速时间序列是平稳的;反之,如果统计量值大于给定显著性水平下的临界值,则认为在该显著性水平下统计量值不足够小,此时接受原假设,即风速时间序列是不平稳的。

当 ARIMA 模型通过差分得到平稳的风速时间序列后,就可以用 ARMA 模型进行计算,其过程如式(3-42)所示。

$$y_t = \sum_{i=1}^{p} \beta_i y_{t-i} + \sum_{j=1}^{q} \alpha_j \varepsilon_{t-j} + \varepsilon_t \tag{3-42}$$

其中,p 表示自回归部分的次序;β_i 表示自回归参数;q 表示移动平均部分的次序;α_j 表示移动平均参数;ε_t 表示在时间 t 的误差项。

AIC 和 BIC 准则可以被用于选择每个 ARMA 模型的最佳 p 和 q,这里以 AIC 准则为例,其过程如式(3-43)所示。

$$AIC = \lg V + 2\frac{d}{N} \tag{3-43}$$

其中,V 表示损失函数;d 表示估计参数的数目;N 表示所估计风速数据集中样本的数目。当 $q=0$、$p\neq 0$ 时,ARMA 模型变为 AR 模型。

损失函数 V 的计算过程如式(3-44)所示。

$$V = \det\left\{\frac{\sum_{1}^{N}\varepsilon(t,\hat{\theta}_N)[\varepsilon(t,\hat{\theta}_N)]^{\mathrm{T}}}{N}\right\} \tag{3-44}$$

其中，$\hat{\theta}_N$ 表示估计的参数。

ARIMA 模型较为简单，可以用 Python 自行编写，同时，Python 的 statsmodels 库里也提供了 ARIMA 模型的相关函数。

利用 statesmodels 库对风速时间序列进行 ADF 检验和 ARIMA 分析的案例代码如下所示。

```
import statsmodels. api as sm
from statsmodels. tsa. arima_model import ARIMA


#ADF 检验
dftest  =  sm. tsa. adfuller( wind_data, autolag = ' AIC' )
dfoutput  =  pd. Series( dftest[0:4], index = ['Test Statistic',
             'p - value','Lags Used','Number of Observations Used'])


#ARIMA 建模，假设这里的最优(p,i,q) = (2,1,1).
model  =  ARIMA( wind_data, order = (2,1,1))
model_fit  =  model. fit( disp =0)
model_fit. summary( )
```

3.3.2　支持向量机算法

支持向量机（SVM）算法是一种基于结构风险最小化原理的机器学习算法。支持向量机具有良好的特征映射性能，能有效地将数据映射到高维空间，并在高维空间中对数据进行线性处理，其回归公式如式（3-45）所示。

$$f(x) = \boldsymbol{w}^{\mathrm{T}}\varphi(x) + b \tag{3-45}$$

其中，φ 表示非线性映射函数；$\boldsymbol{w}$ 和 b 分别表示权重向量和偏置。支持向量机的优化计算过程如式（3-46）、式（3-47）所示。

$$\begin{cases}\min\limits_{w,b,\xi,\xi^*} \dfrac{1}{2}\boldsymbol{w}^{\mathrm{T}}\boldsymbol{w}+C\sum\limits_{i=1}^{l}(\xi_i+\xi_i^*) & (3\text{-}46)\\ y_i-(\langle \boldsymbol{w},x_i\rangle+b)\leqslant\varepsilon+\xi_i \\ (\langle \boldsymbol{w},x_i\rangle+b)-y_i\leqslant\varepsilon+\xi_i^* \qquad i=1,2,\cdots,l & (3\text{-}47)\\ \xi_i,\xi_i^*\geqslant 0\end{cases}$$

其中，l 表示样本数；x_i 和 y_i 分别表示训练数据的输入和输出；ξ_i 和 ξ_i^* 分别表示训练误差的上、下边界；ε 表示不灵敏损失因子；C 表示正则化常数。

通过使用拉格朗日乘子 a_i 和 a_i^*，式(3-45)的计算如式(3-48)所示：

$$f(x,a_i,a_i^*)=\sum_{i=1}^{n}(a_i-a_i^*)K(x,x_i)+b \tag{3-48}$$

其中，$K(\cdot,\cdot)$表示核函数，主要包括线性函数、多项式函数、高斯函数、径向基函数(RBF)、sigmoid 函数、傅里叶函数、字符串函数、样条函数等，核函数的构建可以通过先验知识、交叉验证来确定，此外，有学者尝试混合不同的核函数或开发新的核函数，也取得了较好的效果。

SVM、LSSVM 类模型属于经典机器学习模型，可以通过 Python 编写建模，同时，Python 的 scikit-learn 库里也提供了 SVM 模型的相关函数。

利用 scikit-learn 库对风速进行 SVM 建模的案例代码如下所示。

```
from sklearn.svm import SVR


model = SVR(kernel,degree,gamma,tol,C,epsilon)
model.fit(train_wind_inputs,train_wind_outputs)
y = model.predict(test_wind_inputs)
```

通常，在 SVM 模型中，参数 C 和 gamma 对于预测结果的影响较大。目前，有多种方法可以用于这两种参数的寻优，如遗传算法、粒子群算法等，而搜索过程越复杂，模型计算速度越慢，较为简单的网格搜索案例代码如下所示。

```
from sklearn.model_selection import GridSearchCV


svr = GridSearchCV(SVR(kernel='rbf',gamma=0.1),cv=10,
```

```
param_grid = {"C":[1e0,1e1,1e2,1e3],
"gamma":np.logspace(-2,2,10)})
```

3.3.3 极限学习机算法

极限学习机(ELM)算法是一种基于最小二乘法的单隐层前馈神经网络算法,具有学习速度快、拟合性能强等特点[178-180]。极限学习机损失函数的计算过程如式(3-49)所示。

$$E=\sum_{j=1}^{N}\left[\sum_{i=1}^{L}\beta_i g(W_i\cdot X_j+b_i)-t_j\right]^2 \tag{3-49}$$

其中,N 代表输入神经元的数目;L 代表隐藏神经元的数目;β_i 代表隐藏层和输出层之间的权重向量;$g(x)$ 代表激活函数;W_i 代表输入层和隐藏层之间的权重向量;X_j 代表输入的风速数据;b_i 代表阈值;t_j 代表输出的预测风速数据。

在极限学习机中,通常 W_i 和 b_i 是随机选择的,无须进行调整,因此,极限学习机的单隐层网络训练过程可以转化为求解线性系统。

相比于需要通过梯度下降更新 loss 的神经网络,ELM 无须进行复杂迭代计算,因此在计算速度上有明显优势。随着理论的发展, ELM 法也有一些变形,如加入正则项、拓展为深度极限学习机等。

ELM 较为简单,主要为 sigmoid 函数和正则化项,通过 Python 自行编写较为容易,同时,网络上有很多 Python 编写的 ELM 开源代码,可以方便地调用和修改,这里不再赘述。

3.3.4 神经网络算法

自 19 世纪 40 年代至今,神经网络算法取得了长足的发展和进步。目前,神经网络算法主要分为浅层神经网络和深层神经网络算法。在 21 世纪之前,由于计算机算力的不足及各行业数据量的匮乏,神经网络算法的研究主要以浅层神经网络为主。2006 年之后,随着计算机硬件、神经网络理论、大数据应用及开源化理念的发展,深层神经网络算法开始蓬勃发展。

浅层神经网络算法是指层数较少的神经网络算法,通常计算速度快,适用于小样本数据集。浅层神经网络算法在风速预测早期研究中较为普遍,常见的结构有多层感知器神经网络(MLP)、径向基神经网络(RBF)、广义回归神经网络(GRNN)、小波神经网络(WNN)、Elman 神经网络、ANFIS 神经网络、回声状态网络(ESN)算法等。这些神经网络算法较经典,通过 Python 编写较为容易,同时,网络上已有很多成熟的 Python 开源代码,可以方便地调用和修改,这里不再赘述。

深层神经网络算法通常是指层数较多的神经网络算法,相比于浅层神经网络算法,此类神经网络算法可以提取更复杂的特征,且在复杂任务下可避免神经元数量呈指数增加。一些文献将仅使用部分深层神经网络常用结构但层数较少的神经网络算法也称为深度学习,这里不做细分。随着深层神经网络算法的快速发展,学者们提出了很多性能优良的网络结构,而除结构外,很多小的技巧也会对预测结果产生较大影响,如 loss 的设定、正则化的设定、attention 机制、跳跃连接、多阶段优化、谱范数等等。本节选取一些已应用于风速预测研究且较为成熟的结构进行介绍。

1)循环神经网络算法

循环神经网络非常适合处理序列预测问题,在风速预测中应用较广。在循环神经网络中,长短期神经网络(LSTM)算法和门限循环单元神经网络(GRU)算法较具代表性,很多模型基于这两种结构延伸而来,这里重点介绍这两个模型。

(1)LSTM。

长短期神经网络算法是一种特殊的循环神经网络算法,非常适合处理长期和短期趋势问题。在长短期神经网络中,记忆单元是处理时间序列长期趋势的核心,记忆单元的状态可以通过输入门、遗忘门和输出门来控制和更新。长短期神经网络的计算过程可以描述如下[181]:①当一个新的输入到来时,如果输入门被激活,输入信息可以被加入记忆单元;②如果遗忘门被激活,过去的记忆单元状态则被忽略;③输出门可以控制最新的记忆单元输出是否可以传递到最终状态。长短期神经网络算法的框架如图 3-3 所示。

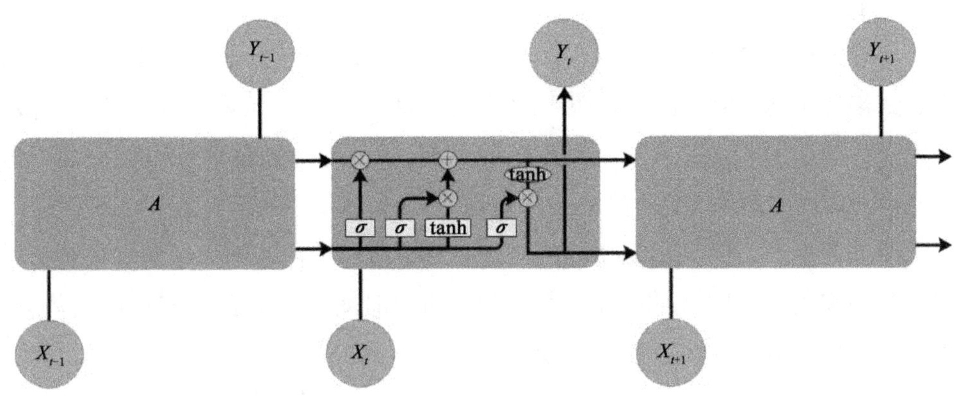

图 3-3　长短期神经网络框架图

图 3-3 中，X 表示输入数据，Y 表示输出数据，$t-1$、t、$t+1$ 表示时间序列（前一时刻、当前时刻、下一时刻），tanh 表示激活函数。

长短期神经网络层的计算过程可以用式（3-50）～式（3-55）表示如下：

$$i_t = \sigma(W_{ix}x_t + W_{im}m_{t-1} + W_{ic}c_{t-1} + b_i) \tag{3-50}$$

$$f_t = \sigma(W_{fx}x_t + W_{fm}m_{t-1} + W_{fc}c_{t-1} + b_f) \tag{3-51}$$

$$c_t = f_t \circ c_{t-1} + i_t \circ \tanh(W_{cx}x_t + W_{cm}m_{t-1} + b_c) \tag{3-52}$$

$$o_t = \sigma(W_{ox}x_t + W_{om}m_{t-1} + W_{oc}c_t + b_o) \tag{3-53}$$

$$m_t = o_t \circ \tanh(c_t) \tag{3-54}$$

$$y_t = W_{ym}m_t + b_y \tag{3-55}$$

其中，$x = (x_1, x_2, \cdots x_T)$ 表示输入数据；i_t 表示输入门；f_t 表示遗忘门；c_t 表示记忆单元向量；o_t 表示输出门；m_t 表示每个记忆单元的激活向量；W 表示权重矩阵；b 表示偏置向量；$\circ$表示标量积；$y = (y_1, y_2, \cdots, y_T)$ 表示低频趋势风速子层的预测结果；$\sigma(\cdot)$ 和 $\tanh(\cdot)$ 是两个激活函数，它们可以用式（3-56）、式（3-57）表示如下：

$$\sigma(x) = \frac{1}{1 + \mathrm{e}^{-x}} \tag{3-56}$$

$$\tanh(x) = \frac{\mathrm{e}^x - \mathrm{e}^{-x}}{\mathrm{e}^x + \mathrm{e}^{-x}} \tag{3-57}$$

(2)GRU。

传统的循环神经网络算法在理论上可以学习时间序列数据长距离趋势,但根据谱半径不同,传统循环神经网络算法会面临梯度消失或梯度爆炸两种挑战。梯度消失会增加网络捕获长距离趋势的难度,梯度爆炸会使训练难以收敛。通常,梯度爆炸可以用梯度裁剪来处理,而如何缓解梯度消失问题则是各深度学习算法研究的重点。门限单元循环神经网络算法通过精巧的网络结构来处理梯度消失和梯度爆炸问题,使得 GRU 可以学习风速时间序列的长期和短期趋势,而不会陷入梯度消失或梯度爆炸。GRU 与 LSTM 在结构和功能上有些类似,相比于 LSTM,GRU 减少了门限单元的数量。LSTM 有 3 个门:输入门、遗忘门和输出门,而 GRU 只有两个门:更新门和复位门[182]。对于 GRU,更新门可以替代 LSTM 的输入门和遗忘门,重置门可以直接处理先前的隐藏状态。因此,与 LSTM 相比,GRU 可以更快地训练。

对于风速时间序列$(Y_1, Y_2, \cdots, Y_P)$,GRU 可以使用网络中的门控单元循环地将输入映射到输出。在时间步 p,GRU 网络的计算过程如式(3-58)~式(3-61)所示。

$$z_p = \sigma(W_z \cdot [h_{p-1}, X_p]) \tag{3-58}$$

$$r_p = \sigma(W_r \cdot [h_{p-1}, X_p]) \tag{3-59}$$

$$\tilde{h}_p = \tanh(W \cdot [r_p \times h_{p-1}, X_p]) \tag{3-60}$$

$$h_p = (1 - z_p) \times h_{p-1} + z_p \times \tilde{h}_p \tag{3-61}$$

其中,z_p 表示更新门;r_p 表示复位门;W_z、W_r 和 W 分别表示连接两个不同单元的权重;σ 表示 sigmoid 函数;$[\ \cdot\ ]$表示元素式乘积运算符;h_p 表示隐藏状态。z_p 确定可以保存多少先前存储的信息,r_p 确定先前存储的信息中有多少可以参与到新的输入。

GRU 的结构如图 3-4 所示。

目前,有很多较为流行的深度学习框架,如 Python 的 Tensorflow、Torch、Keras,这里以 Keras 为例对风速预测的 LSTM、GRU 模型进行介绍,建模的案例代码如下所示。

```
from keras.models import Sequential
from keras.layers import LSTM, GRU, Dense

model = Sequential()
model.add(LSTM(32, input_shape=(10, 1)))
# model.add(GRU(32, input_shape=(10, 1)))
model.add(Dense(1))
model.compile(optimizer='Adam',loss='mean_squared_error')
model.fit(trainX, trainY, epochs=3000, batch_size=50)
testPredict = model.predict(testX)
```

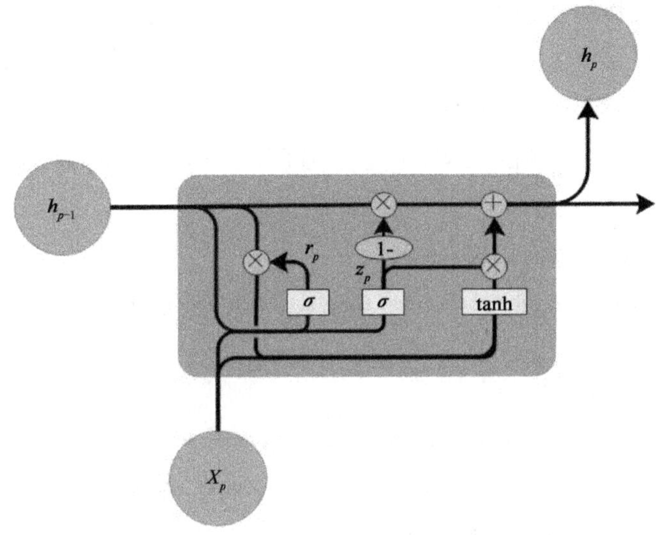

图3-4　GRU结构图

2)卷积神经网络算法

卷积神经网络算法是一种前馈型深度神经网络算法,其神经元能够对部分覆盖范围内的局部单元进行响应。与其他神经网络相比,卷积神经网络有着独特结构的卷积层,卷积层具备很强的稀疏交互、参数共享、等变表示等性能,这使得卷积神经网络有着优异的表示能力和特征提取能力。目前,卷积神经网络算法已被广泛应用于数据处理领域,特别是图像数据处理领域[183]。

不同于传统的边缘特征提取法，卷积神经网络可以自适应创建特征过滤器，因此卷积神经网络能够自适应处理数据中的深层隐藏特征[184]。在卷积神经网络框架中，除了会共享滤波器权重之外，同一卷积层的神经元之间没有连接。因此，与具有相同层数和神经元数的多层感知器相比，卷积神经网络训练效率更高。对于卷积神经网络算法，每一个卷积层可以由式(3-62)表示[185]：

$$h_{ij}^{k} = f[(W^{k} \times x)_{ij} + b_{k}] \tag{3-62}$$

其中，f 表示激活函数；W^k 表示连接到第 k 个特征映射的内核的权重；b_k 表示连接到第 k 个特征映射的内核的偏置值。

在风速预测领域，CNN 可以直接作为预测器，也可以仅作为前面的特征提取层，后面连接其他模块如 LSTM、SVM 等。随着理论和技术的发展，CNN 出现了很多变形，如 VGGNet、GoogleNet、ResNet、时间卷积网络（TCN）等，在这些模型中，CNN 主要为特征提取层。

Keras 中有打包好的 CNN 模块，调用较方便，建模的案例代码如下所示。

```
from keras.models import Sequential
from keras.layers.convolutional import Conv1D,MaxPooling1D

model = Sequential()
model.add(Conv1D(filters=32,kernel_size=1,padding='same',
                 strides=1,activation='relu',input_shape=(8,1)))
model.add(MaxPooling1D(pool_size=1))
model.add(Conv1D(filters=16, kernel_size=1, padding='same', strides=1,
                 activation='relu'))
model.add(MaxPooling1D(pool_size=1))
model.add(Flatten())
model.add(Dense(3))
model.compile(optimizer=Adam,loss='mean_squared_error')
model.fit(trainX, trainY, epochs=300, batch_size=50)
testPredict = model.predict(testX)
```

3)图神经网络算法

传统深度学习方法如 RNN、CNN 等在提取欧式空间数据的特征方面是非常有效的,但在非欧式空间数据的特征提取上效果欠佳。实际应用场景中很多数据由非欧式空间构成,如在铁路大风预测场景下,不同空间监测点数据之间的连接图是不规则的,但各测点都会有边与其他测点数据相关,传统的神经网络方法算法难以有效提取此类场景中图的特征,因此,图神经网络(GNN)算法成为近年来的一个研究热点,也为解决铁路大风空间预测提供了一种新的思路。图神经网络算法有多种类型和结构,这里选取应用较广的图卷积神经网络(GCN)算法进行介绍。

GCN 有很多种结构,目前常用的 GCN 主要分为两类:谱域图卷积和空间图卷积。谱域图卷积主要用图论和卷积方法将数据从空间域转到谱域进行处理,然后用傅里叶逆变换等方法将数据转到空间域。空间图卷积跳过图论算法,直接定义空间中的卷积运算。谱域图卷积对图滤波器的设计有明确的公式指导,但矩阵的特征分解具有较高的时间复杂度,而空间图卷积具有定义直观、灵活性高、时间复杂度低等优点,但在图的精细化、可解释性等方面弱于谱域图卷积。下面以一种经典的空间域图卷积网络为例进行介绍。

对于多个监测点的铁路沿线大风数据,可以将不同监测点数据的图网络定义为 $G=(V,E,\boldsymbol{W})$。其中,V 为节点集合,即指定区域内铁路沿线大风所有测点组成的集合;E 是各节点连接边的集合;$\boldsymbol{W}$ 是加权邻接矩阵,表示节点之间的权值关系。则图网络中图的拉普拉斯矩阵 $\boldsymbol{L}$ 计算过程如式(3-63)所示。

$$\boldsymbol{L}=\boldsymbol{D}^{-\frac{1}{2}}(\boldsymbol{D}-\boldsymbol{W})\boldsymbol{D}^{-\frac{1}{2}} \tag{3-63}$$

其中,$\boldsymbol{D}$ 表示度矩阵,反映与不同顶点相关联的边的数量。

图上的卷积由傅里叶变换和逆变换计算得到,如式(3-64)所示。

$$\boldsymbol{X}\cdot H=F^{-1}[F(\boldsymbol{X})\otimes F(H)] \tag{3-64}$$

其中,$\boldsymbol{X}$ 表示输入特征矩阵;H 表示卷积核;$\otimes$表示 Hadamard 乘积;F 和 F^{-1} 表示傅里叶变换和逆变换。

使用切比雪夫多项式计算式(3-64)的一阶近似估计,可得到 GCN 图的卷积,如式(3-65)所示。

$$H^l = \sigma(\widetilde{\boldsymbol{D}}^{-\frac{1}{2}}\widetilde{\boldsymbol{W}}\widetilde{\boldsymbol{D}}^{-\frac{1}{2}}H^{l-1}\Theta^l) \tag{3-65}$$

其中，$\widetilde{\boldsymbol{W}}$ 表示具有自连接边的邻接矩阵；$\widetilde{\boldsymbol{D}}$ 表示修改后的度矩阵；σ 表示激励函数；Θ^l 表示 l 层的可学习参数；H^l 表示 l 层的输出。

图网络的实现方式较多，在 Python 中，有基于 TF2 和 Keras 的图网络开源库 Spektral，调用较为方便，建模的案例代码如下所示。

```
from spektral_utilities import *
from spektral_gcn import GraphConv


inp_seq = Input((sequence_length, 12))
inp_lap = Input((12, 12))
inp_feat = Input((12, X_train_feat.shape[-1]))
x = GraphConv(64, activation='relu')([inp_feat, inp_lap])
x = GraphConv(32, activation='relu')([x, inp_lap])
x = Flatten()(x)
output = Dense(3)(x)
model = Model([inp_seq, inp_lap, inp_feat], output)
model.compile(optimizer=Adam,loss='mse')
```

3.3.5 集成学习法

集成学习(Ensemble learning)法是一种应用非常广泛的数据挖掘方法，可以有效提升预测精度，在铁路大风预测的研究中，集成学习是一个热门方向。下面对与铁路大风预测相关的部分经典集成学习方法进行介绍。

集成学习是通过多个学习器的组合来解决单一预测问题，其关键是从目标数据中学习到多样且准确的学习器，并将这些学习器进行合理集成以得到更优的预测效果，其本质是利用多学习器的差异性解决偏差-方差权衡问题。常用的集成学习方法主要有 Averaging、Bagging、Boosting、Blending、Stacking 法等。

Averaging 法是一种基于平均化思想，即通过对不同学习器预测结果的平均来提高整体预测的鲁棒性的方法,常用的方法有简单平均法、加权平均法等。Bagging法是在数据集中有放回地随机抽取子数据集,并针对各子数据集分别训练一个基学习器,再将各基学习器采用一些方法(如Averaging法等)进行结合,得到最终的预测结果。Boosting法是先通过初始数据集训练得到初始基学习器,再根据初始基学习器的结果调整训练集,使得新训练集中初始基学习器的错误样本占比增大,然后在新训练集中训练新的基学习器,不断重复数据集和学习器更新过程,直至利用弱学习器生成强学习器,得到最终的预测结果。Blending和Stacking两种方法较为相近,其思路都是分层次进行融合,即将数据集以合适的方式进行划分,先训练基学习器,再以基学习器为基础训练次学习器,让次学习器给基学习器分配权值。在Blending和Stacking两种策略中,Blending策略较为简单,其验证过程只利用部分数据集,它需要得到各个模型结果集的权重,然后再线性结合;而Stacking策略则较为复杂,其验证过程使用多折交叉验证方法,它的核心是多个基预测器的非线性结合,Stacking策略有时也被视为是多个Blending策略的组合。

基于集成学习思想建立的模型有很多,如经典的随机森林模型、Adaboost模型、梯度提升决策树(GBDT)、XGBoost模型等,在铁路大风预测中,这些模型可以直接作为预测器。此外,在实际使用时,集成学习常可以作为一种策略来使用,如使用Stacking法建立基于ARIMA、SVM、ELM、LSTM的集成模型。由于集成学习策略可以将很多前沿模型进行融合,并在前沿模型的基础上进一步提升预测效果,因此,基于集成学习策略的铁路沿线大风预测近年来已成为一个富有前景的研究方向。下面选取经典的随机森林模型进行介绍。

随机森林法本质上是Bagging + 决策树法。在随机森林法中,数据样本的采样是基于Bagging的有放回采样,而特征采样是对采样数据使用完全分裂的方式建立决策树,使决策树的叶子节点中或者所有样本指向同一属性,或者叶子节点无法继续分裂。铁路大风预测属于回归问题,对于此类问题,随机森林的各决策树输出均值即为最终预测结果。

RF模型属于经典机器学习模型,可以用Python自行编写,同时,Python的scikit-learn库里也提供了RF模型的相关函数,其案例代码如下所示。

```
from sklearn.ensemble import RandomForestRegressor

rf = RandomForestRegressor(n_estimators = 100)   #100 个决策树
y_test  = rf.fit(x_train,y_train).predict(x_test)
```

此外,Python 的 scikit-learn 库里也有一些其他的经典集成学习模型,这些模型的案例代码如下所示。

```
from sklearn import ensemble

#Adaboost 回归
model1  =  ensemble.AdaBoostRegressor(n_estimators = 100)
#GBRT 回归
model2  =  ensemble.GradientBoostingRegressor(n_estimators = 100)
#Bagging 回归
model3  =  ensemble.BaggingRegressor()

y_test1  =  model1.fit(x_train,y_train).predict(x_test)
y_test2  =  model2.fit(x_train,y_train).predict(x_test)
y_test3  =  model3.fit(x_train,y_train).predict(x_test)
```

3.3.6 超参数优化

通常铁路大风预测模型中含有很多超参数,如神经网络算法的学习率、层数、batch 数等,不佳的超参数容易使模型欠拟合或过拟合,而好的超参数会使模型预测效果良好且性能稳定。为保证模型的预测效果,需要有合适的超参数选择策略,因此,为有效提升调参效率和预测效果,超参数优化必不可少。

在铁路大风预测研究中,超参数优化可以在多个方面开展,较为常见的有优化神经网络初始权值、优化神经网络结构、优化特征提取算法相关参数、优化预测器关键参数、优化不同模型集成权值等。

超参数优化是机器学习领域的一个重要方向,很多学者在进行相关研究,提出了很多新的方法,如 SuccessiveHalving 算法、Hyperband 算法等[186]。目前铁路大风预测常用的超参数优化方法主要可以分为手动调参、网格搜索、随机寻

优、贝叶斯优化、梯度寻优、进化寻优方法等。

手动调参法是基于人工经验进行调参的方法,此类方法对经验要求高,难以寻到最优解或近似最优解,且其精细调参过程较为耗时。网格搜索法适合小样本集,是通过超参数网格的交叉验证,规则化遍历多个超参数组合来确定最佳参数。随机寻优法同样适合小样本集,与网格搜索法不同的是,随机寻优法是在超参数网格上选择随机组合来寻优,通常随机寻优的效率比网格搜索更高,但效果不一定优于网格搜索。网格搜索和随机寻优法可以针对独立的超参数组合进行分析,容易实现并行计算,但这也造成后续搜索难以利用过往搜索经验,使得搜索较为盲目。手动调参、网格搜索、随机寻优等方法简单实用,可作为经验法则,在超参数优化时优先考虑。

贝叶斯优化法通过构造函数的高斯过程,利用参数搜索的观测过程来改善后验分布、学习超参数组合的过往搜索经验,从而高效搜索超参数的更优组合。梯度寻优常应用于神经网络,在超参数寻优时,梯度寻优也是一种较为有效的方式,即通过梯度下降法对超参数组合进行寻优。进化寻优是仿照生物学概念,基于动态过程对超参数进行寻优,可以用于搜索近似最优解。贝叶斯优化、梯度寻优、进化寻优、遗传算法、模拟退火算法及各类群算法等都可以整体归类为启发式优化,这些寻优方法可用于搜索大样本集,在大规模超参数寻优时较为常用。

超参数优化算法可以用 Python 自行编写,此外,部分算法有开源的Python包,调用较为方便。

Python 的 scikit-learn 库里提供了网格搜索、随机搜索的相关函数,在本书的3.3.2 节已结合 SVM 给出了网格搜索的代码,这里给出 RF 的随机搜索案例代码,如下所示。

```
from sklearn.ensemble import RandomForestRegressor
from sklearn.model_selection import RandomizedSearchCV


rf = RandomForestRegressor(random_state = 50)
random_grid = {'n_estimators': n_estimators,
               'max_features': max_features,
               'max_depth': max_depth,
```

```
                'min_samples_split': min_samples_split,
                'min_samples_leaf': min_samples_leaf,
                'bootstrap': bootstrap}
rf_random = RandomizedSearchCV(estimator = rf, param_distributions = random_grid,
n_iter = 200, cv = 5, verbose =2, random_state =50, n_jobs = -1)
rf_random.fit(x,y)
```

Python 的 scikit-opt 开源库里封装了遗传算法、差分进化算法、模拟退火算法、蚁群算法、人工鱼群算法、粒子群算法、免疫优化算法等启发式算法，可以用于超参数搜索，这里给出粒子群搜索神经网络学习率的案例代码，如下所示。

```
from sko.PSO import PSO

pso = PSO(func =demo_func, n_dim =3, pop =40, max_iter =150,lb =[0.0001],
          ub =[0.1], w =0.8, c1 =0.5, c2 =0.5)
pso.run()
```

3.4　铁路大风数据后处理技术

铁路预测大风数据后处理技术一方面是为了将预测结果与工程应用更加匹配，另一方面也是为了探索铁路沿线大风预测相关规律，为此类技术的进一步提升提供支撑。铁路沿线预测大风后处理技术主要包括对预测结果的修正、变换、扩展及可视化等。

由于铁路沿线流场非常复杂，铁路沿线大风趋势性、周期性有时并不明显，此外，在复杂的现实环境中，不论是统计学方法还是物理学方法，都难免会出现预测误差，因此如何处理预测不准的问题就成为铁路沿线预测大风后处理技术的关键内容。目前，针对此类问题，较为实用的技术主要有安全系数法、离群点修正等。

安全系数法通常是基于统计学分析结果，给大风预测值乘以安全系数或加上安全阈值。如根据概率密度分析结果，给大风预测结果加上失效概率不大于100 年一次的安全阈值。

离群点修正主要是针对预测值做合理化修正，从而确保混合模型预测结果的准确性和可靠性。此类技术主要有滤波法、模型修正法等。滤波法是选择一定的时间窗，对前面的数据和预测结果采用小波等信号处理技术进行滤波，按照降噪原理来修正离群点。模型修正法是先设定预测结果离群点判定方法，再建立一个补充模型对离群点进行重新预测或修正。离群点判定方法有很多，如孤立森林（LF）法、Grubbs准则、3σ准则、HI异常检测等，补充模型修正可以利用其他预测方法或是统计学方法进行修正。这里介绍一种简单的模型修正法。

在此模型修正法中，离群点检测过程如式（3-66）所示：

$$\begin{cases}\hat{X}_i \notin [\lambda_1\{X_{i-m},X_{i-m+1},\cdots,X_{i-1}\}_{\min},\lambda_2\{X_{i-m},X_{i-m+1},\cdots,X_{i-1}\}_{\max}] & \text{超前 1 步预测}\\ \hat{X}_{i+1} \notin [\lambda_1\{X_{i-m+1},\cdots,X_{i-1}\hat{X}_i\}_{\min},\lambda_2\{X_{i-m+1}\cdots,X_{i-1},\hat{X}_i\}_{\max}] & \text{超前 2 步预测}\\ \hat{X}_{i+2} \notin [\lambda_1\{X_{i-m+2},\cdots,X_i,X_{i+1}\}_{\min},\lambda_2\{X_{i-m+2},\cdots,X_i,X_{i+1}\}_{\max}] & \text{超前 3 步预测}\end{cases} \tag{3-66}$$

其中，$\hat{X}_i$、$\hat{X}_{i+1}$、$\hat{X}_{i+2}$分别代表超前1步、超前2步、超前3步的预测值；X_{i-m}、X_{i-m+1}、X_{i-m+2}、……、X_{i-1}代表观测值；m代表移动项数；λ_1和λ_2代表边界系数。该式表示，如果预测值在预先设定的范围之外，则认为预测值是离群点，不接受该预测值，需要对其进行修正；反之，如果预测值在预先设定的范围之内，则认为预测值不是离群点，接受该预测值，无须对其进行修正。

如果一个预测值属于离群点，则采用离群点修正方法进行预测值的修正，这里选择简单但稳定的移动平均法对风速预测结果进行修正，修正过程如式（3-67）所示：

$$\begin{cases}\hat{X}_i = \dfrac{(X_{i-1}+X_{i-2}+\cdots+X_{i-n})}{n} & \text{超前 1 步预测}\\ \hat{X}_{i+1} = \dfrac{(\hat{X}_i+X_{i-1}+\cdots+X_{i-n+1})}{n} & \text{超前 2 步预测}\\ \hat{X}_{i+2} = \dfrac{(\hat{X}_{i+1}+\hat{X}_i+\cdots+X_{i-n+2})}{n} & \text{超前 3 步预测}\end{cases} \tag{3-67}$$

其中，n代表参与移动平均的项数。

这里的参数值可以根据实际情况设定，如对于某铁路大风数据，m取值

100, n 取值 8, λ_1 和 λ_2 的取值可以如式(3-68)和式(3-69)所示：

$$\lambda_1 = \begin{cases} 1.5 & \{X_{i-m}, X_{i-m+1}, \cdots, X_{i-1}\}_{\min} \in [-10, 0) \\ 0 & \{X_{i-m}, X_{i-m+1}, \cdots, X_{i-1}\}_{\min} \in (0, 5] \\ 0.2 & \{X_{i-m}, X_{i-m+1}, \cdots, X_{i-1}\}_{\min} \in (5, 15] \end{cases} \tag{3-68}$$

$$\lambda_2 = \begin{cases} 1.8 & \{X_{i-m}, X_{i-m+1}, \cdots, X_{i-1}\}_{\max} \in [0, 10] \\ 1.6 & \{X_{i-m}, X_{i-m+1}, \cdots, X_{i-1}\}_{\max} \in (10, 15] \end{cases} \tag{3-69}$$

预测大风后处理算法通常相对较为简单,可以用 Python 自行编写,此外,部分算法有开源的 Python 包,调用较为方便,下面以孤立森林为例进行介绍。

Python 的 scikit-learn 库里提供了孤立森林的相关函数,代码如下所示。

```
from sklearn. ensemble import lsolationForest


model = IsolationForest( n_estimators = 80,  max_samples = 'auto',
                        contamination = float( 0. 1) ,  max_features = 1. 0)
model. fit( data[ 'wind'] )
pred  =  model. predict( testdata)
```

3.5　铁路大风预警技术

铁路大风预警包含铁路大风安全分析、关键数据监测与预测分析、安全态势评估与预判、预警机制与预警系统等多项内容。本节的铁路大风预警技术主要针对其中“预警”部分的管控技术进行介绍,包括建立风险评价指标体系、评价指标的综合评判等。

铁路大风行车安全会受到“风、网、车、线、环、人”等复杂因素的耦合影响,为建立评价指标体系,可以用安全理论的相关方法对这些因素进行解耦分析。如运用 BowTie、TEM 等系统风险管理模型分析各安全因素之间的包含、并列、交叉等关系,运用事件树、Granger 因果分析等安全因果链式模型的正向、逆向因果推断理论分析各安全因素之间的因果关系,运用 STAMP、FRAM、SHIPP 等安全系统及安全屏障理论从整体角度分析各安全因素的重要性等。

铁路大风预警评价指标的综合评判是从预警的角度出发,针对各评价指标进行分析,并给出相应预警命令的过程。这一过程常用的方法主要包括综合指数预警法、综合评价法、层次分析法、模型预警法等,此外,也可以使用安全理论的相关方法进行分析。单指数预警是通过关键的单一指标进行预警,如通过风速指标进行铁路大风预警。综合指数预警是将多个预警指标以一定的数学方法进行组合来预警,如通过某种数学方式,结合实时风速风向、预测风速风向、多点大风情况进行铁路大风预警。综合评价法、层次分析法是采用定性或定量方法,通过计算各安全因子权重和系统最终综合得分来预警,如运用综合评价法结合车型、车速、线路情况、预测风速风向等安全因子进行铁路大风预警。模型预警法是采用一定的物理、数学、专家评分、数据等方法进行建模预警,此类方法常用到数学建模、机器学习、模糊理论等技术,如运用贝叶斯方法,结合预测风速、预测风速误差范围、事故发生预估概率、事故预估损失、错误预警概率等因素进行铁路大风预警。

第4章

数据驱动的铁路大风预测案例分析

4.1　铁路大风数据 WPD 案例分析

小波包变换(WPD)算法是信号处理领域的经典算法,在风预测的相关研究中应用较为广泛。对于铁路大风预测,WPD 可以用于前处理或后处理的滤波,也可以用于提取原始风速信号中的时频特征。

4.1.1　案例数据描述

本部分选用的大风样本数据采集自我国沿海某铁路线某大风时段沿线测风站,采集时长为 1400min。原始风速采样频率为每秒 1 个数据,为建立符合铁路分钟级风速预测需求的数据,本部分对原始风速样本数据进行 2min 平均化处理,获得样本数据集$\{X_{1t}\}$。样本数据集包含 700 个样本数据点,其中第 1 ~ 600 个样本数据点作为训练数据(训练集),第 601 ~ 700 个样本数据点作为测试数据(测试集)。平均化处理后的风速时间序列$\{X_{1t}\}$如图 4-1 所示。

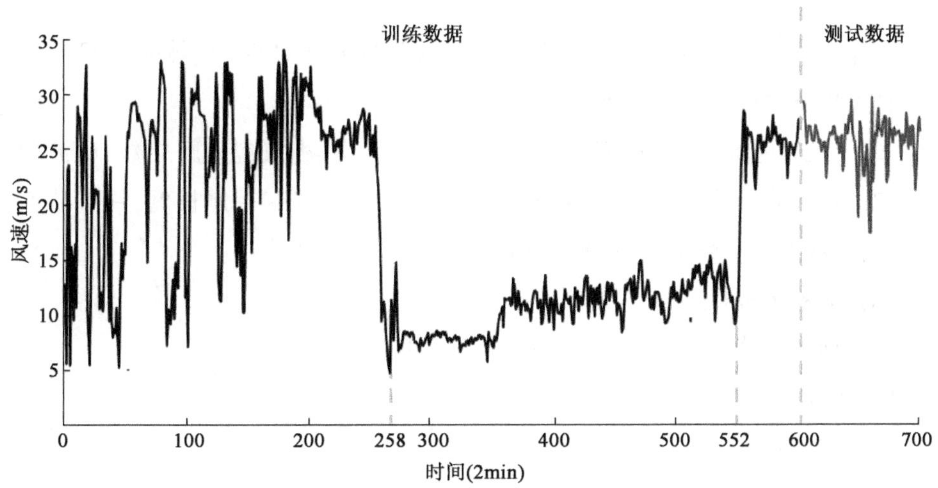

图 4-1　平均化处理后的风速时间序列$\{X_{1t}\}$

由图 4-1 可见,样本数据可以大致分为 3 个阶段,第 1 ~ 258 个样本点为第 1 阶段,该阶段风速数据高低起伏,波动剧烈;第 259 ~ 552 个样本点为第 2 阶段,该阶段风速相对较小,波动较为平稳;第 553 ~ 700 个样本点为第 3 阶段,该阶段风速相对较大,但波动较为平稳。

本部分选取的大风数据的最大值、最小值、均值、标准差、偏度、峰度等统计学指标如表 4-1 所示。

大风样本数据集 $\{X_{1t}\}$ 的统计特征　　表 4-1

统计特征	最大值(m/s)	最小值(m/s)	均值(m/s)	标准差(m/s)	偏　度	超值峰度
数值	34.08	4.73	18.54	8.27	0.06	-1.60

从表 4-1 可见,风速时间序列 $\{X_{1t}\}$ 的范围为 4.73 ~ 34.08m/s;均值为 18.54m/s;标准差为 8.27m/s,数值较大;偏度为正,数值较小,说明数据分布具有对称性,数据分布集中在平均值附近呈现轻微右偏;超值峰度为负,呈现低峰态,超值峰度数值较小,说明数据分布的陡峭程度和极端值出现的频率低于正态分布;数据整体波动较为剧烈。

4.1.2 处理过程及代码

下面主要介绍 WPD 在数据前处理中的信号分解过程,代码用 MATLAB 语言编写,滤波过程可以用类似的方法实现。

(1)定义训练数据、测试数据、滚动分解时间窗、小波包分解层数、小波包分解数据、训练输入数据等。其中,滚动分解时间窗应具有一定长度,一些研究直接将训练数据长度作为滚动分解时间窗长度。代码如下。

```
total_number = 700;
train_number = 600;
test_number = 100;
numdely = 200;
m = 3;
wpddata = zeros(2 * m,(train_number - numdely) * numdely);
train_inputs = zeros(1,(train_number - numdely) * numdely);
```

(2)定义循环,令数据按照滚动分解时间窗进行分解,得到一系列特征模式,这些模式即为滚动时间窗下原始大风信号的不同时频特征模式。代码

如下。

```
for j =1:train_number - numdely
    t = wpdec( train_data(1:numdely,j),m,'db5','shannon');
    s_data = 1 + (j - 1) * numdely;
    e_data = j * numdely;
    train_inputs(1,s_data:e_data) = train_data(j:j + numdely - 1);
    for i = 1:2 * m
        y = wprcoef(t,[m,i - 1]);
        wpddata(i,s_data:e_data) = wpddata(i,s_data:e_data) + y';
    end
end
```

4.1.3 分析

对全部案例数据$\{X_{1t}\}$进行小波包分解的结果如图4-2所示,仅对测试集进行WPD分解的结果如图4-3所示。

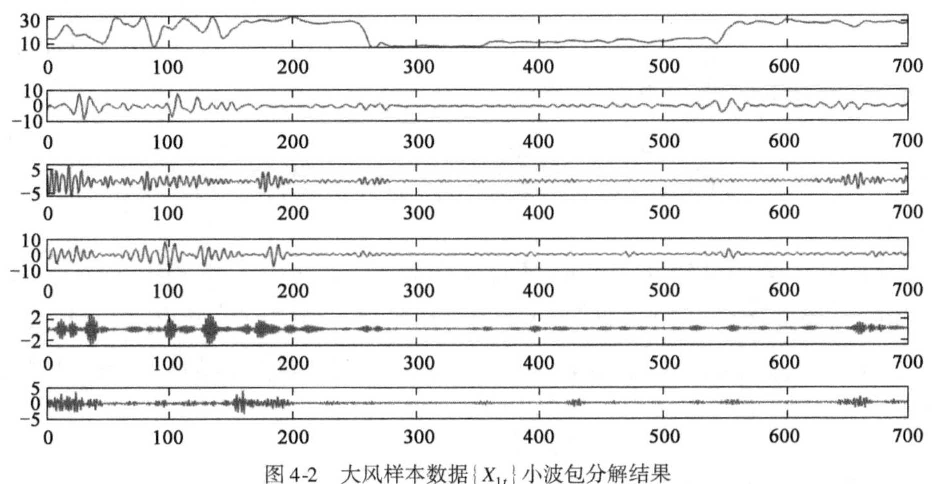

图4-2　大风样本数据$\{X_{1t}\}$小波包分解结果

图4-2的测试集部分与图4-3较为接近,但也存在一定差异。这是因为相同参数下的小波包分解结果与信号本身关联紧密。如分别对前400个样本数据点进行分解和对前401个样本数据点进行分解,两种分解情况下相同模式的前400个点会存在差异,这种差异会影响后续预测效果。通常,当不

同滚动分解时间窗下相同样本点的分解结果非常相近时,“分解 + 预测”模式能够取得较好的预测效果;反之,“分解 + 预测”模式难以取得较好的预测效果。

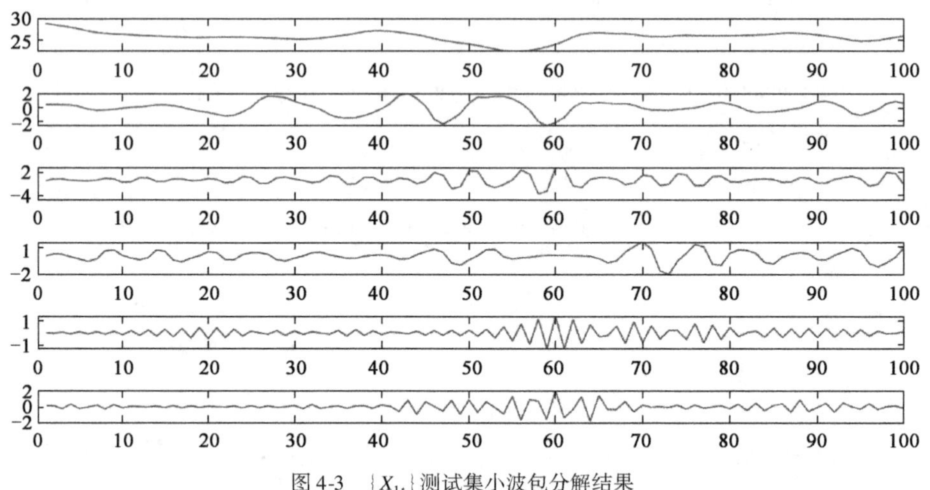

图 4-3 $\{X_{1t}\}$测试集小波包分解结果

在铁路大风预测中,WPD 作为特征提取手段,还有其他的用法,而如何将此类方法合理融入铁路大风在线预测、如何利用此类方法稳定提升预测效果,仍需要相关研究者的不懈努力。

4.2 铁路大风数据 ARIMA 预测案例分析

ARIMA 模型是经典的时间序列预测模型,理论扎实、稳定性较好,在各行各业有着广泛的应用。目前,ARIMA 模型已真正应用于部分欧洲国家的铁路、日本铁路的大风预警系统,是当前工程应用最多的铁路大风预测模型。

4.2.1 案例数据描述

本部分选用的大风样本数据采集自我国西部某铁路线某大风时段沿线测风站,采集时长为 1400min。本部分数据处理方式同 4.1.1,平均化处理后的风速时间序列$\{X_{2t}\}$如图 4-4 所示。

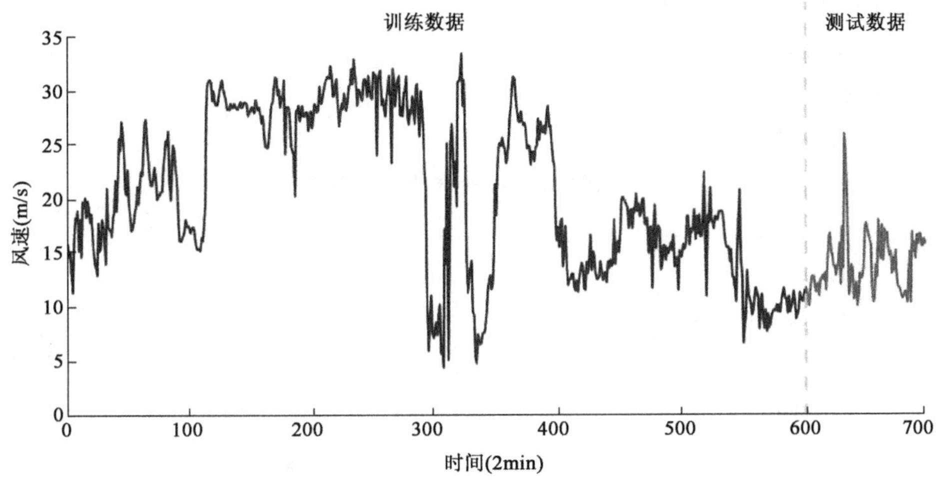

图 4-4　平均化处理后的风速时间序列 $\{X_{2t}\}$

本部分选取的大风数据的最大值、最小值、均值、标准差、偏度、峰度等统计学指标如表 4-2 所示。

大风样本数据集 $\{X_{2t}\}$ 的统计特征　　表 4-2

统计特征	最大值(m/s)	最小值(m/s)	均值(m/s)	标准差(m/s)	偏　度	超值峰度
数值	33.42	4.37	19.57	7.27	0.15	-1.25

从表 4-2 可见，风速时间序列 $\{X_{2t}\}$ 的范围为 4.37 ~ 33.42m/s；均值为 19.57m/s；标准差为 7.27m/s，数值较大；偏度为正，数值较小，说明数据分布具有对称性，数据分布集中在平均值附近，呈现轻微右偏；超值峰度为负，呈现低峰态，超值峰度数值较小，说明数据分布的陡峭程度和极端值出现的频率低于正态分布；数据整体波动较为剧烈。

4.2.2　建模过程及代码

本部分主要介绍 ARIMA 模型的正常建模过程，代码在 MATLAB 中编写，建模过程主要包括模型的定阶和预测。如要实现滚动定阶和预测，只需要设定重新定阶的时间窗，加入相应循环即可。

(1)利用训练数据建立模型，采用 ADF 单位根检验判定平稳性，确定模型的差分阶数,得到差分阶数为1。代码如下。

```
y = traindata;
H = adftest(y);
for i = 1:5
    if H == 1              % ADF 单位根检验,数据平稳等于1
        break;
    else
        y = diff(y,i);
        H = adftest(y);
        end
end
```

(2)查看模型的自相关和偏自相关系数,结果如图4-5所示。代码如下。

```
figure(1)
autocorr(y)
figure(2)
parcorr(y)
```

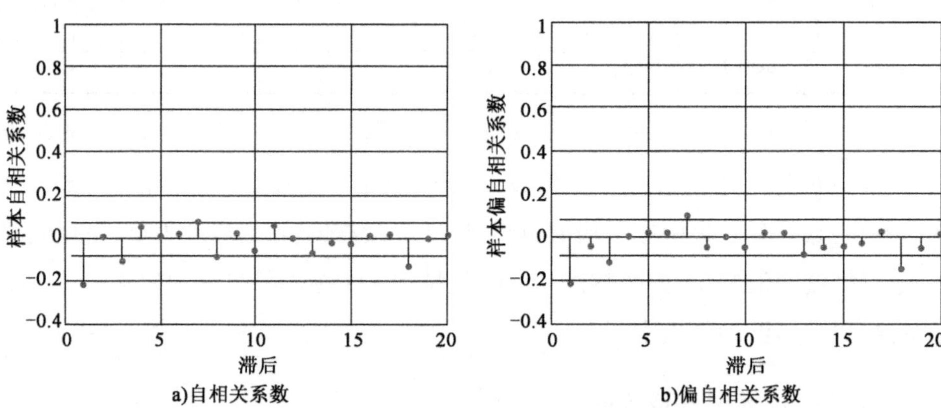

图4-5 样本数据自相关系数与偏自相关系数

(3)利用AIC准则给AR和MA模型定阶,得到最优阶数为$p=10$、$q=6$。代码如下。

```
z = [y;0];
u = iddata(z);
```

```
test = [ ];
for p = 1:15
    for q = 1:15
        m = armax(u(1:train_num),[p q]);
        AIC = aic(m);
        test = [test;p q AIC];
    end
end
for k = 1:size(test,1)
    if test(k,3) = = min(test(:,3))        % 选择 AIC 值最小的模型
      p_test = test(k,1);
      q_test = test(k,2);
      break;
    end
end
```

(4)针对测试数据,利用所建 ARIMA(10,1,6)模型实现预测,这里给出超前一步预测的代码,可以同理得到超前多步预测的代码。代码如下。

```
z = [y;0];
u = iddata(z);
D_Y = diff(testdata,1);
H_test = D_Y;
Y1 = iddata([H_test;0]);
m1 = armax(sf1,[p_test q_test]);                  % 建立模型
p1 = predict(y1(1:test_num),m1,1);                  % 预测
xp1 = p1. OutputData;
yc1 = cumsum([data(1);xp1]);                    % 对预测数据进行反差分
```

4.2.3 预测结果

基于本部分的案例数据,通过上述建模过程进行建模求解,得到超前 1 步、2 步、3 步、4 步和 5 步预测结果,分别如图 4-6 ~ 图 4-10 所示。

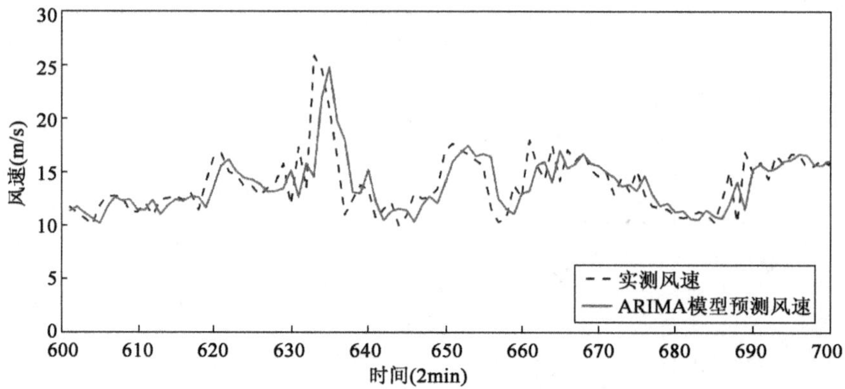

图 4-6　大风样本数据集$\{X_{2t}\}$下 ARIMA 模型的超前 1 步预测结果

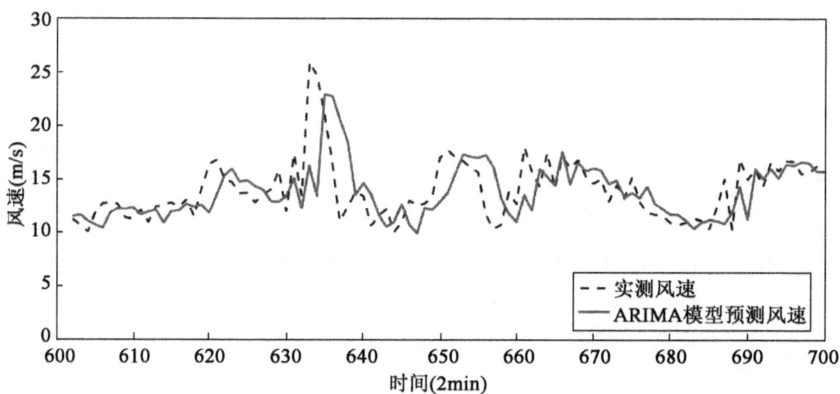

图 4-7　大风样本数据集$\{X_{2t}\}$下 ARIMA 模型的超前 2 步预测结果

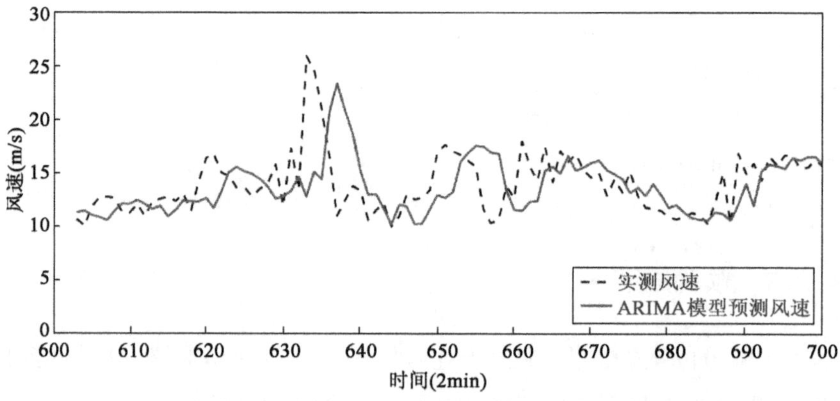

图 4-8　大风样本数据集$\{X_{2t}\}$下 ARIMA 模型的超前 3 步预测结果

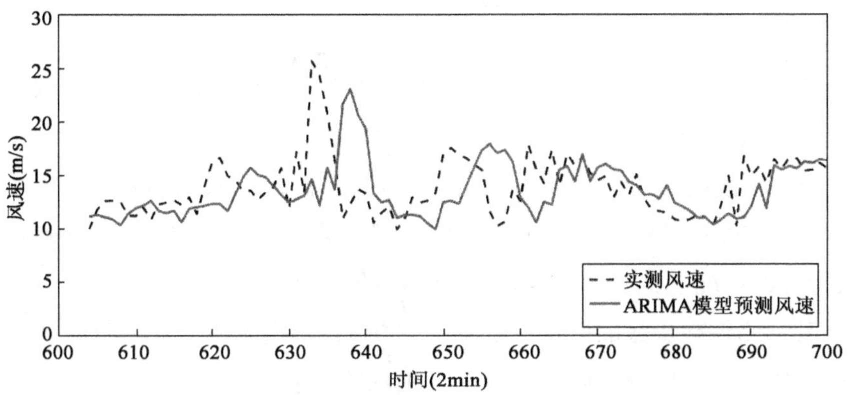

图 4-9　大风样本数据集$\{X_{2t}\}$下 ARIMA 模型的超前 4 步预测结果

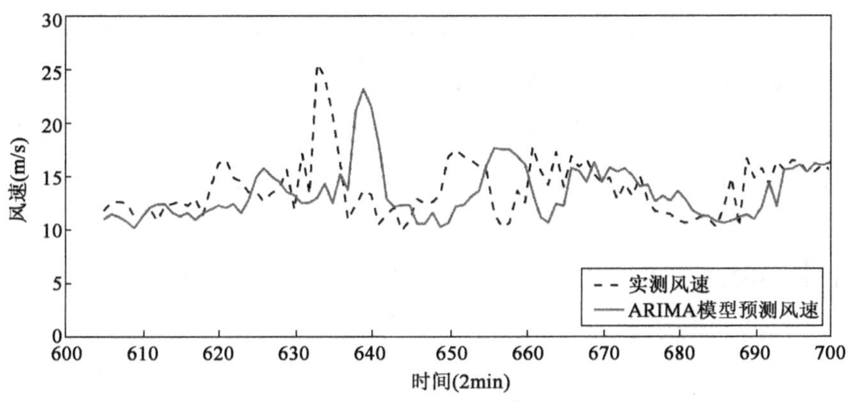

图 4-10　大风样本数据集$\{X_{2t}\}$下 ARIMA 模型的超前 5 步预测结果

ARIMA 模型在大风样本数据集$\{X_{2t}\}$下超前 1 步、2 步、3 步、4 步和 5 步的预测精度指标如表 4-3 所示。

大风样本数据集$\{X_{2t}\}$下 ARIMA 模型的预测精度指标　　表 4-3

指　标	1 步	2 步	3 步	4 步	5 步
MAPE(%)	10.05	12.55	15.20	16.70	18.23
MAE(m/s)	1.44	1.79	2.19	2.40	2.62
RMSE(m/s)	2.19	2.70	3.27	3.50	3.68

4.2.4 分析

由表4-3可见,ARIMA模型可以实现对实测风速的预测,且其预测精度随预测超前步数的增加呈降低趋势。对比图4-6～图4-10可以发现,相比于实测风速,ARIMA模型的预测图形会出现右移现象,即预测“时延”现象,且随着预测超前步数的增加,预测“时延”现象越发明显。在训练数据、测试数据确定且不抽样、打乱的情况下,ARIMA模型定阶相同、预测结果相同。

随着预测超前步数的增加,预测精度的降低、预测“时延”现象的加重等在数据驱动的铁路大风预测研究中属于常见现象。这些现象的原因可以归为两个方面:一是铁路大风数据具有间歇性、非线性和非平稳性,大风中的一些湍流、非规律成分也很难进行准确预测;二是铁路大风数据特征具有多样性、时变性、复杂性,目前此领域的研究尚有不足,很难提取合适的特征,建立合适的模型来实现大风的高效率、高精度、高可靠预测。

在本部分案例中,大风样本数据集$\{X_{2t}\}$的数据波动较为剧烈,而ARIMA模型可以在满足时效性需求的前提下保有较好的预测稳定性和较高的预测准确性。

由于ARIMA可以用各种编程语言方便地实现,且预测的效果较好,所以,ARIMA模型是一种较为实用的铁路大风预测模型。

4.3 铁路大风数据SVM预测案例分析

SVM模型是经典的机器学习模型,理论扎实、应用广泛,在小样本数据下常具有较好的预测性能。SVM模型在数据驱动的铁路大风预警相关研究中较为常见。

4.3.1 案例数据描述

本部分选用的大风样本数据采集自我国中部某铁路线某大风时段沿线测风站,采集时长为1400min。本部分数据处理方式同4.1.1,平均化处理后的风速时间序列$\{X_{3t}\}$如图4-11所示。

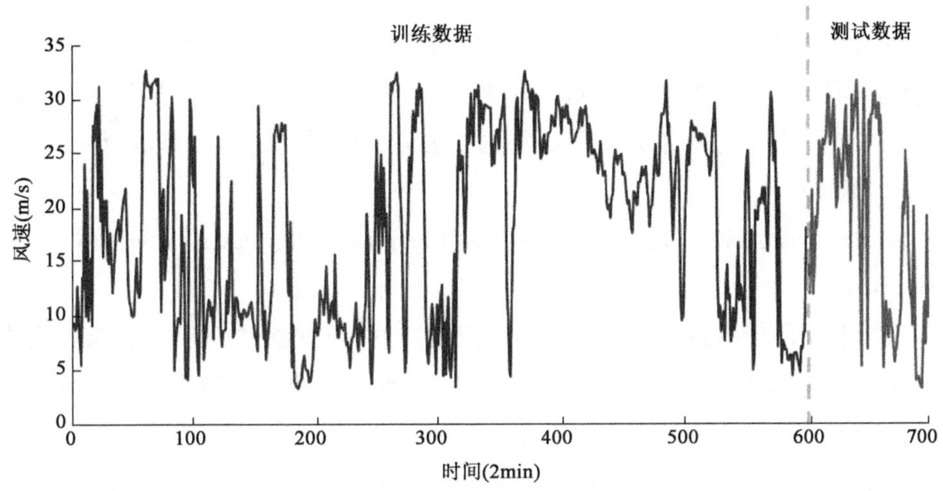

图4-11　平均化处理后的风速时间序列$\{X_{3t}\}$

本部分选取的风速数据的最大值、最小值、均值、标准差、偏度、峰度等统计学指标如表4-4所示。

大风样本数据集$\{X_{3t}\}$的统计特征　　表4-4

统计特征	最大值(m/s)	最小值(m/s)	均值(m/s)	标准差(m/s)	偏　度	超值峰度
数值	32.63	3.17	18.25	8.67	-0.10	-1.41

由表4-4可见，风速时间序列$\{X_{3t}\}$的范围为3.17～32.63m/s；均值为18.25m/s；标准差为8.67m/s，数值较大；偏度为负，数值较小，说明数据分布具有对称性，数据分布集中在平均值附近呈现轻微左偏；超值峰度为负，呈现低峰态，超值峰度数值较大，说明数据分布的陡峭程度和极端值出现的频率低于正态分布；数据整体波动较为剧烈。

4.3.2　建模过程及代码

本部分主要介绍SVM模型的建模过程，代码用MATLAB语言编写，本部分采用的svmtrain函数并非MATLAB内置函数，而是来自libsvm包。

(1)定义参数搜索函数，实现svm参数的优化选择。svm参数主要包括svm

的类型、核函数类型、核函数中的参数设置等。本部分 svm 类型选用 ε-SVR，核函数类型选择 RBF 核函数，参数优化主要对惩罚参数 cost 和核函数中的 gamma 函数进行优化。c、g 参数优化选择函数可以在互联网中搜索到开源代码。此外，可以自行编写或调用搜索函数，如网格搜索、随机搜索、遗传算法、粒子群算法等。代码如下。

```
function [mse,bestc,bestg] = SVMcg(train_label,train,cmin,cmax,gmin,gmax,v,cstep,
gstep,msestep)
```

(2)利用最佳参数建模。设定参数搜索空间，根据参数搜索函数选取最佳参数建模。这里的最佳参数通常为较优解，参数搜索的时间和效果与参数搜索空间、参数搜索函数等有关。代码如下。

```
[bestmse,bestc,bestg] = SVMcg(t_train,p_train,-10,10,-10,10);
cmd = ['-c', num2str(bestc),'-g', num2str(bestg),'-s 3'];
model = svmtrain(t_train,p_train,cmd);
```

(3)针对测试数据，利用所建 svm 模型进行预测。代码如下。

```
y_pre = svmpredict(p_test,model);
```

4.3.3 预测结果

基于本部分的案例数据，通过上述建模过程进行建模求解，得到超前 1 步、2 步、3 步预测结果，分别如图 4-12 ~ 图 4-14 所示。

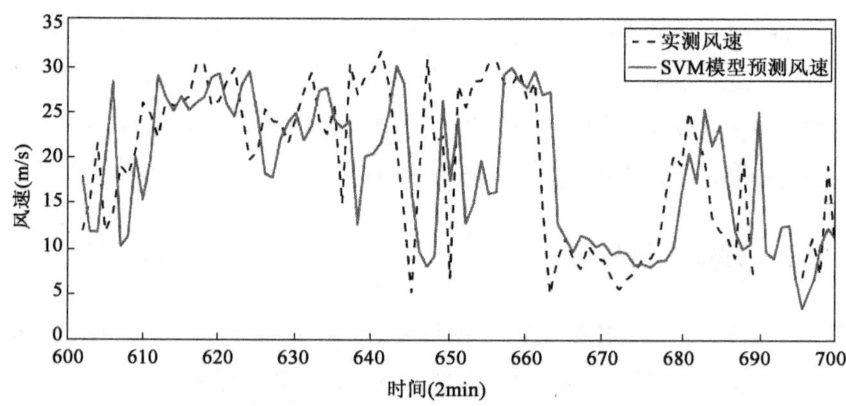

图 4-12　大风样本数据集{X_{3t}}下 SVM 模型的超前 1 步预测结果

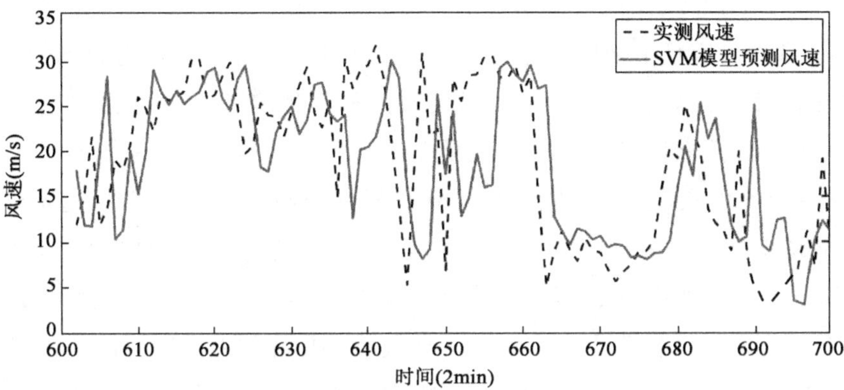

图 4-13 大风样本数据集 $\{X_{3t}\}$ 下 SVM 模型的超前 2 步预测结果

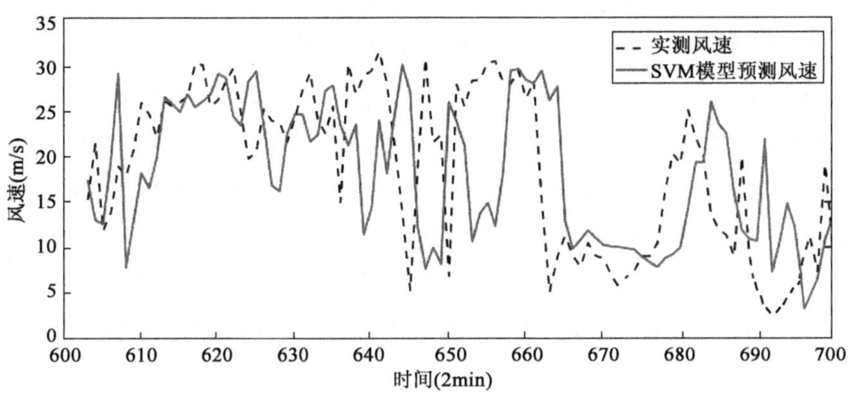

图 4-14 大风样本数据集 $\{X_{3t}\}$ 下 SVM 模型的超前 3 步预测结果

SVM 模型在大风样本数据集 $\{X_{3t}\}$ 下超前 1 步、2 步、3 步的预测精度指标如表 4-5所示。

大风样本数据集 $\{X_{3t}\}$ 下 SVM 模型的预测精度指标 表 4-5

指 标	1 步	2 步	3 步
MAPE(%)	33.90	49.70	57.91
MAE(m/s)	4.57	6.01	6.82
RMSE(m/s)	6.22	7.74	8.97

4.3.4 分析

由图 4-12 ~ 图 4-14 及表 4-5 可见，SVM 模型可以实现对实测风速的预测，其预测精度随预测超前步数的增加而降低,且呈现预测"时延"现象。在训练数据、测试数据确定且不抽样、打乱的情况下,SVM 模型如采用较为简单的超参数搜索策略,多次计算会得到相同的最佳参数和预测结果;SVM 模型如采用较为复杂的超参数搜索策略,多次计算得到的最佳参数和预测结果往往不同。

从表 4-5 的数值上看,本案例中 SVM 模型的预测精度不够高,造成这种现象的原因可能有以下几个方面:①案例数据波动剧烈、特征复杂,单纯依赖时间序列特征难以实现高精度预测;②案例数据存在噪声成分,干扰预测效果;③所建模型超参数搜索策略设置不够合理,未能搜到预测效果优良的超参数;④所建模型性能不佳。如需要进一步提升预测精度,需要先分析预测精度不足的原因,增加模型比较、参数比较等分析,再参考本书第 3 章内容,针对性地增加关键特征、去除噪声干扰、修改超参数搜索策略、修改模型等操作。

本案例的研究结果表明,尽管 SVM 模型是一种优秀的机器学习模型,但在数据驱动的铁路大风预测中,SVM 模型并不能确保在任何情况下都能取得高精度预测结果。因此,为保障铁路大风预警的准确性、及时性和可靠性,仍需要进一步深入研究相应的模型和策略。

4.4 铁路大风数据 LSTM 预测案例分析

LSTM 模型是一种经典的循环神经网络架构,随着数据科学和深度学习的飞速发展,LSTM 被广泛应用于各类时间序列预测问题,很多与时间序列相关的深度学习模型也借鉴了 LSTM 模型的思想。近年来,LSTM 模型在数据驱动的铁路大风预警相关研究中较为热门。

4.4.1 案例数据描述

本部分选用的大风样本数据采集自我国沿海某铁路线某大风时段沿线测风站,采集时长为 1400min。本部分数据处理方式同 4.1.1,样本数据集 $\{X_{4t}\}$ 如图 4-15所示。

本部分选取的风速数据的最大值、最小值、均值、标准差、偏度、峰度等统计学指标如表 4-6 所示。

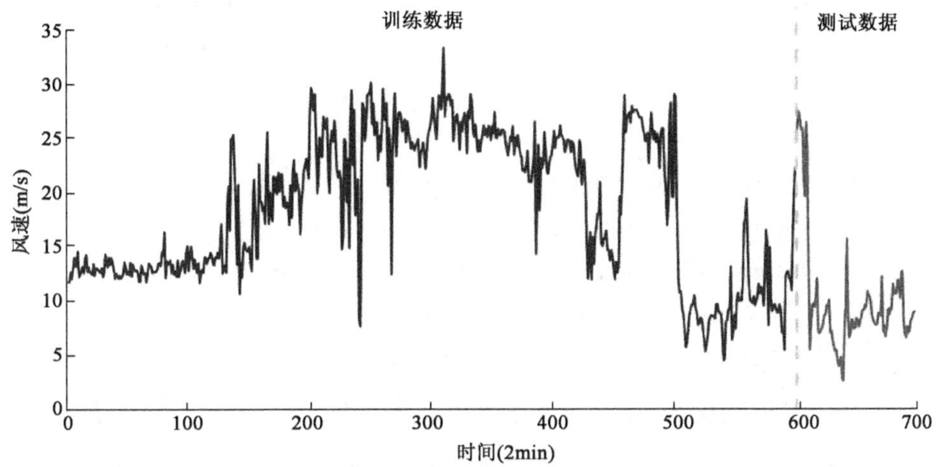

图 4-15 平均化处理后的风速时间序列 $\{X_{4t}\}$

大风样本数据集 $\{X_{4t}\}$ 的统计特征 表 4-6

统计特征	最大值	最小值	均 值	标准差	偏 度	超值峰度
数值	33.21	2.63	17.39	7.11	0.05	-1.38

从表 4-6 可见,风速时间序列数据 $\{X_{4t}\}$ 的范围为 2.63 ~ 33.21m/s;均值为 17.39m/s;标准差为 7.11,数值较大;偏度为正,数值较小,说明数据分布具有对称性,数据分布集中在平均值附近呈现右偏;超值峰度为负,呈现低峰态,超值峰度数值较大,说明数据分布的陡峭程度和极端值出现的频率低于正态分布;数据整体波动较为剧烈。

4.4.2 建模过程及代码

下面主要介绍 LSTM 模型的建模过程,代码基于 Python 语言,使用 tensorflow 封装后的 keras 编写。

(1)选取损失函数和优化函数。铁路大风预测 LSTM 模型常用的损失函数主要有 MSE、MAE、MAPE、MSLE 等,常用的优化函数主要有 SGD、Adam、Adadelta、Adagrad、Adamax、RMSprop 等。此外,为提升预测效果,可以自行定义合适的损失函数或优化函数,也可以在优化器里加入梯度裁剪等操作。常用优化函数的参数可以参考下述代码根据实际情况进行设置。

```
Adamax = optimizers. Adamax(lr = 0.002, beta_1 = 0.9, beta_2 = 0.999, epsilon = 1e-08)
Nadam = optimizers. Nadam(lr = 0.002, beta_1 = 0.9, beta_2 = 0.999, epsilon = 1e - 08,
schedule_decay = 0.004)
Adam = optimizers. Adam(lr = 0.002, beta_1 = 0.9, beta_2 = 0.999, epsilon = 1e-08)
Adadelta = optimizers. Adadelta(lr = 1.0, rho = 0.95, epsilon = 1e - 06)
Adagrad = optimizers. Adagrad(lr = 0.002, epsilon = 1e - 06)
SGD = optimizers. SGD(lr = 0.002, momentum = 0.0, decay = 0.0, nesterov = False)
RMSprop = optimizers. RMSprop(lr = 0.002, rho = 0.9, epsilon = 1e - 06)
```

(2)建立 LSTM 模型。由于 LSTM 模型中的神经元数量、神经元层数等参数对预测结果影响较大,在此过程中可以加入参数优化机制。此外,在建立模型时,可以适当采用一些技巧来提升预测效果,如加入 dropout、attention 等,也可以加入其他层,如 cnn 层、全连接层、残差块等,来提升预测效果。代码如下。

```
look_back = 6
model = Sequential()
model. add(LSTM(32, input_shape = (1,look_back)))
model. add(Dense(3))
model. compile(optimizer = Adamx,loss = 'mean_squared_logarithmic_error')
model. fit(trainX, trainY, epochs = 2000, batch_size = 50, verbose = 2)
```

(3)存储模型,用训练好的模型进行预测。代码如下。

```
model. save('./save_model_LSTM', save_format = 'tf')
trainPredict = model. predict(trainX)
testPredict = model. predict(testX)
trainPredict = scaler. inverse_transform(trainPredict)
testPredict = scaler. inverse_transform(testPredict)
```

4.4.3 预测结果

基于本部分的案例数据,通过上述建模过程进行建模求解,得到超前 1 步、2 步、3 步预测结果,分别如图 4-16 ~ 图 4-18 所示。

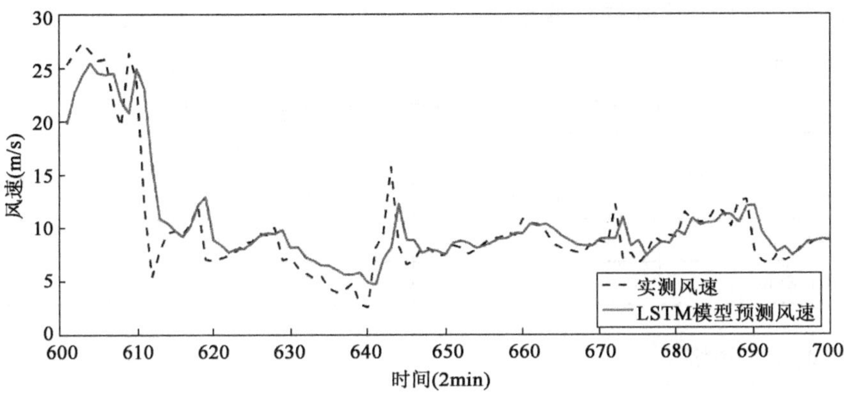

图 4-16　大风样本数据集 $\{X_{4t}\}$ 下 LSTM 模型的超前 1 步预测结果

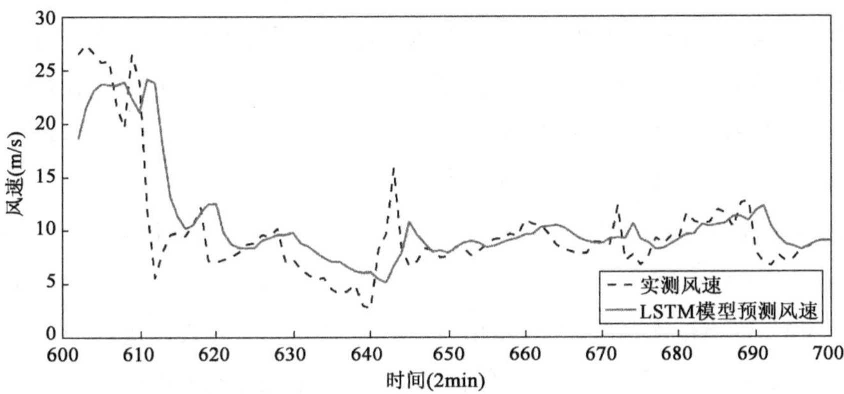

图 4-17　大风样本数据集 $\{X_{4t}\}$ 下 LSTM 模型的超前 2 步预测结果

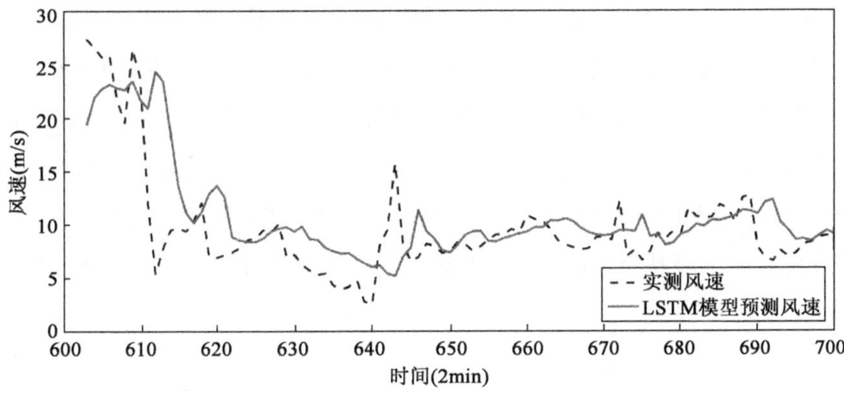

图 4-18　大风样本数据集 $\{X_{4t}\}$ 下 LSTM 模型的超前 3 步预测结果

LSTM 模型在大风样本数据集$\{X_{4t}\}$下超前 1 步、2 步、3 步的预测精度指标如表 4-7 所示。

大风样本数据集$\{X_{4t}\}$下 LSTM 模型的预测精度指标　　表 4-7

指　　标	1 步	2 步	3 步
MAPE(%)	19.19	27.22	31.51
MAE(m/s)	1.65	2.30	2.58
RMSE(m/s)	2.63	3.67	4.11

4.4.4　分析

由图 4-16 ~ 图 4-18 及表 4-7 可见，LSTM 模型可以实现对实测风速的预测，其预测精度随预测超前步数的增加而降低，且呈现预测“时延”现象。在训练数据、测试数据确定且不抽样、打乱的情况下，LSTM 模型多次预测的结果往往不同，且有时会出现预测结果较差的情况。为此，可以使用降噪、集成学习、超参数优化、离群点修正等策略提升预测效果。

在本案例中，损失函数使用 MSLE。MSLE 对欠预测的惩罚大于过预测，即当预测值小于真实值时惩罚较大，当预测值大于真实值时惩罚较小。从 MAPE、RMSE、MAE 等指标上，使用 MSLE 并不一定比使用 MSE 精度更高。但从铁路运输安全的角度，“高估”大风要比“低估”大风更为合适，因此在铁路大风预警场景下，可以使用 MSLE 作为损失函数。

从模型角度，LSTM 模型适于学习时序数据的长期依赖特征和短期依赖特征，其学习性能与数据量的大小和数据自身的特征有关。当数据具有较为明显的长期依赖特征时，LSTM 模型的预测结果常显著优于未重点关注此类特征的神经网络模型，如 MLP 模型；而当数据长期依赖特征不明显时，LSTM 模型的预测效果有可能与 MLP 模型接近。为适应铁路大风数据的多样性，学习铁路大风数据的长、短期依赖特征，LSTM 类模型已成为当前铁路大风预测研究的一个重要组成部分。

第5章

铁路大风预警子问题案例分析

5.1 引　言

铁路大风预警是一项复杂的系统工程问题,包括安全致因分析、安全因子预测、安全风险评价、预警策略分析、预警系统搭建等多项子问题,每项子问题都可以细分为多个研究方向。目前,在这些子问题中,存在较易用显式物理或数学方程建模的过程,如通过流体力学分析、列车动力学分析评判安全性;也存在较易用隐式数据建模的过程,如通过历史大风数据、大风行车事故数据预估风险概率;还存在一些难以准确客观建模的过程,如环境、管理方式、列车行驶条件等复杂因素耦合带来的安全风险。当前,铁路大风预警研究主要围绕物理过程分析、数据分析、评价分析等展开。

数据驱动的铁路大风预警建立在预警各项子问题分析的基础上,即一些基层的物理过程分析、数据分析、评价分析结果可以作为铁路大风预警数据的输入,来为预警提供数据支撑。为便于读者整体把握铁路大风预警原理,本章将围绕安全事故树、安全风险评价、预警策略分析、预警系统搭建等子问题进行案例介绍。

5.2 大风条件下列车运行安全事故树案例分析

事故树是经典的安全分析方法,能够通过定性、定量分析,对事故及其原因进行因果逻辑梳理,为决策提供可靠的预警逻辑。作为一种图形化模型,事故树能够以直观的方式分析事故发生的各种可能性,减少事故事件遗漏的环节,在铁路安全分析中得到了广泛应用。

大风条件下,列车的气动性能易恶化,当环境风速、线路条件、列车状态等因素处于不利组合时,极易发生列车脱轨和倾覆事故,严重威胁铁路行车和运营安全。因此,可以通过事故树方法对大风条件下列车脱轨、倾覆风险进行定性、定量分析,找出薄弱环节加以重点防范。事故树分析侧重于安全管理,从管理角度对预警策略的制定提供科学支撑。本部分主要对大风条件下列车脱轨、倾覆风险的事故树分析案例进行介绍。

5.2.1 大风条件下列车脱轨、倾覆事故树建立

影响铁路行车安全的主要因素可以分为人为因素、设备因素、管理手段及环境因素4个方面。因此,可以从上述4个方面的因素出发,结合大风环境下列车运行的实际状况,建立大风条件下列车脱轨、倾覆事故树模型。大风条件下列车脱轨、倾覆事故树模型的建立过程如下:

(1)将大风条件下列车脱轨、倾覆作为顶事件。

(2)从人为、设备、管理和环境因素入手,分析事故原因,如人的安全意识、人的操作水平、设备可靠性、运营管理水平、调度指挥决策等方面的不足、恶劣的运行条件等。

(3)通过因果逻辑分析,罗列列车脱轨、倾覆事故的各种情况,并通过逻辑符号进行连接,建立大风条件下列车脱轨倾覆事故树模型。大风条件下列车脱轨倾覆事故的原因有很多,如列车在不良环境下超速行驶、列车在不良环境下故障行驶、故障列车在不良环境下超速行驶、列车驶入极端不良环境等。其中,不良环境主要包括不良大风环境、不良地形环境、不良线路条件、异物侵限等;列车超速行驶的原因主要包括预警失效、通信故障、调度不当、ATP失效、制动失灵、司机操作不当等;设备故障主要包括转向架失稳、弓网分离等。

综合上述分析,可以建立大风条件下列车脱轨、倾覆事故树,如图5-1所示。列车脱轨、倾覆事故树各事件的内容如表5-1所示。

列车脱轨、倾覆事故树各事件的内容　　表5-1

事件	内容	事件	内容
T	列车脱轨、倾覆	X_2	异物侵限
A_1	环境风险	X_3	路基不均匀沉降
A_2	列车风险	X_4	几何尺寸超限
B_1	线路不平顺	X_5	质量不良
B_2	超速行驶	X_6	零件断裂
B_3	转向架失稳	X_7	ATP失效
C_1	收到指令	X_8	制动失灵
C_2	未收到指令	X_9	调度失误
D_1	无指令	X_{10}	司机操作不当
D_2	通信故障	X_{11}	司机未操作
X_1	不良工况		

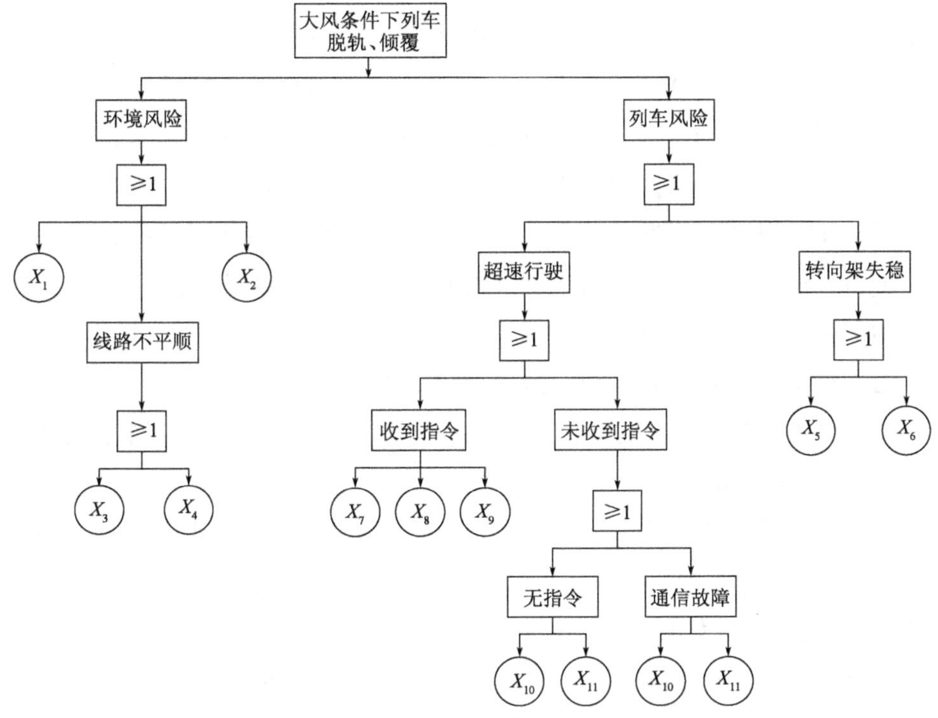

图 5-1　大风条件下列车脱轨、倾覆事故树

5.2.2　定性分析

根据建立的列车倾覆事故树，可以直观地看到大风条件下列车脱轨、倾覆的各种可能。通过定性分析，可以对造成列车脱轨、倾覆事故的各因素进行重要度排序，进而找出其薄弱环节，通过采取相应的预警措施，减少或避免大风条件下列车脱轨、倾覆事故的发生。

对列车倾覆事故树定性分析时，常通过求解最小割集对各基本事件进行结构重要度分析。首先，简化事故树，求出其最小割集：

$$
\begin{aligned}
T &= A_1A_2 = (X_1 + B_1 + X_2)(B_2 + B_3) \\
&= (X_1 + X_3 + X_4 + X_2)(C_1 + C_2 + X_5 + X_6) \\
&= (X_1 + X_3 + X_4 + X_2)(X_7 + X_8 + X_9 + D_1 + D_2 + X_5 + X_6)
\end{aligned}
$$

$$
\begin{aligned}
&=(X_1+X_2+X_3+X_4)(X_5+X_6+X_7+X_8+X_9+2X_{10}+2X_{11})\\
&=X_1X_5+X_1X_6+X_1X_7+X_1X_8+X_1X_9+2X_1X_{10}+2X_1X_{11}+\\
&\quad X_2X_5+X_2X_6+X_2X_7+X_2X_8+X_2X_9+2X_2X_{10}+2X_2X_{11}+\\
&\quad X_3X_5+X_3X_6+X_3X_7+X_3X_8+X_3X_9+2X_3X_{10}+2X_3X_{11}+\\
&\quad X_4X_5+X_4X_6+X_4X_7+X_4X_8+X_4X_9+2X_4X_{10}+2X_4X_{11}
\end{aligned}
$$

根据事故树中结构重要度确定规则得出各基本事件结构重要度 IO 的顺序为：

$IO(1)=IO(2)=IO(3)=IO(4)>IO(10)=IO(11)>IO(5)=IO(6)$

$IO(7)=IO(8)=\mathrm{IO}(9)$

通过对以上结构重要度排序分析，可以得知：

①环境风险是列车脱轨、倾覆的重要原因，应注意对铁路线路的检查维修和风灾敏感区段的监测；

②司机的操作对列车运行安全十分重要，在指令无效的情形下，如果司机能人为通过列车晃动情况、相关观测数据，及时采取有效制动措施，仍可能避免列车脱轨、倾覆事故的发生；

③及时有效地发布调度指令能够保障列车在恶劣环境下的运行安全；

④列车的运行安全十分依赖系统和设备的可靠性，应该加强对 ATP 子系统、制动系统、列车转向架等设备的安全检查。

基于上述分析，可从控制行车环境风险、提高人员安全意识和操作水平、优化铁路大风预警系统设计、加强设施管理等方面采取相应的防护措施，以保障列车安全、高效地运行。

5.2.3 防控措施

大风条件下列车运行安全风险的防控措施可以分为被动防风、主动防风及安全管理 3 个方面。通常被动防风主要包括控制行车环境、提升列车抗风能力等，主动防风通常指大风监测预警及调度指挥，安全管理主要包括人员的安全管理、设备的安全管理等。

(1)控制行车环境风险。

①修建挡风设施。修建挡风设施是有效的防风措施。挡风设施的种类有很

多,如混凝土插板式挡风墙、土堤式挡风墙、加筋土堤式挡风墙、防风明洞等。但是,修建挡风设施通常工程大、投资高、维护难,因此挡风设施的型式应满足安全、维修、经济等需求,材料应因地制宜,位置应合理。

②修建防护林。防护林对大风有较强的弱化作用,加强铁路沿线周边的植被覆盖率既环保又经济,但也要考虑到恶劣天气下植被可能带来的异物侵限问题。

③线路铺设。铁路线路的铺设应合理利用地形,如线路尽量选在背风侧风、避开垭口等特殊地形。此外,曲线半径、外轨超高的设置应考虑当地的大风强度、方向等因素,尽量避风或弱化大风影响。

④加强线路巡视。加强线路巡视能及时发现线路不平顺、轨道损伤等威胁行车安全的问题,做到早发现、早解决,防患于未然。

(2)优化大风预警系统。

为推进铁路现代化、智能化发展,降低大风对列车运行的影响以及大风条件下列车运行调整的成本,可以对铁路大风预警系统进行优化和升级,提升系统的安全性、稳定性和准确性。大风预警系统的优化包括基础理论的提升、监测点布置的优化、数据传输及存储能力的提升、数据分析水平的提升、大风预测性能的提升、预警策略的提升、预警处治水平的提升等。

大风预测是大风预警的前提,应加大研究力度,不断完善铁路大风预警系统基础设施的建设。通过在铁路沿线合理设置大风监测点,对沿线大风数据进行监测和记录,推进铁路大风数据库的建设和完善。在此基础上,通过对铁路大风大数据的分析和相关物理过程的研究,不断提高大风预测的时效性、准确性和稳定性,为大风行车预警系统提供有效的输入。

此外,还应加强对铁路大风预警策略及大风行车应急调度策略的研究。基于多点不确定大风预测信息输出可靠的大风预警信息,并为列车选择最优的应急调整策略,在保障列车安全的同时,提升处置速度、降低处置成本。

(3)提高人员安全意识和操作水平。

在大风条件下,列车脱轨、倾覆事故中,相关人员的失误是造成事故发生的重要因素。提高相关人员的安全意识和操作水平能够有效降低安全事故的影响,甚至避免安全事故的发生,对行车安全意义重大。因此,应定期对相关人员进行安全教育和专业技能培训,推动应急演练常态化,确保相关人员安全意识高、操作规范化、业务能力过关,尽量消除人为因素对大风条件下列车运行安全的影响。

(4)加强设备管理。

铁路设备的安全可靠是保障大风条件下列车运行安全的基础。铁路系统设备庞杂,而大风会增大部分相关设备突发故障的概率。

为了减少铁路设备故障对大风条件下行车安全的影响,可以建立科学完善的设备管理以及维修体系,监控大风条件下相关的关键零部件运作情况。在工作中,应对相关设备进行严格检查,及时处理出现的问题。同时,还可以加强技术研发,提高设备的可靠性、增强列车的抗风能力。

5.2.4 案例分析

(1)案例介绍。

2007 年 2 月 28 日凌晨 2:05 左右,5807 次列车运行至南疆线上的珍珠泉车站至红山渠车站间 42km + 300m 处,受 13 级强风影响而发生倾覆事故。此次事故造成 11 节车厢被吹翻,人员伤亡情况严重,南疆线被迫中断行车 9.5h。

(2)场景分析。

事故发生地点位于新疆三十里风区,此区段大风频发、风力强劲。事故发生前,当地气象条件恶劣,已造成多趟列车晚点。当事者回忆称,5807 次列车按时发车,运行途中不时听到石头撞击车体的声音,列车时走时停。凌晨 1:50 许,车窗破碎,随后列车剧烈晃动,并很快倾覆。据当地气象部门报道,当时最大风力为 13 级,折算速度为 37.0 ~ 41.4m/s。

同时,据文献[187]记载:事故发生前,车厢在大风作用下持续晃动,当部分车窗玻璃被沙子和小石块(简称“沙石”)击碎后,车厢晃动变得剧烈,不久后列车倾覆。

综上所述,多种因素的共同作用造成了此次重大列车倾覆事故,其中包括环境因素、人的因素、设备因素以及管理因素,分析如下:

①强劲的大风是导致列车倾覆的直接原因;

②大风吹起的沙石将车窗玻璃击碎,增大了作用在车体上的风压;

③列车司机的安全意识和操作水平有待提高,在恶劣天气条件下行车操作应依据现场情况果断采取安全措施;

④铁路气象预警系统和调度指挥系统不够完善,预警调度命令不能及时有效地传达给列车司机。

(3)改进建议。

由上述分析可知,此次列车倾覆事故的事故链为:大风作用→地形特殊、存在环境风险→未发出调度命令→列车司机未及时采取有效操作→列车倾覆。“2·28”列车倾覆事故链如图5-2所示。

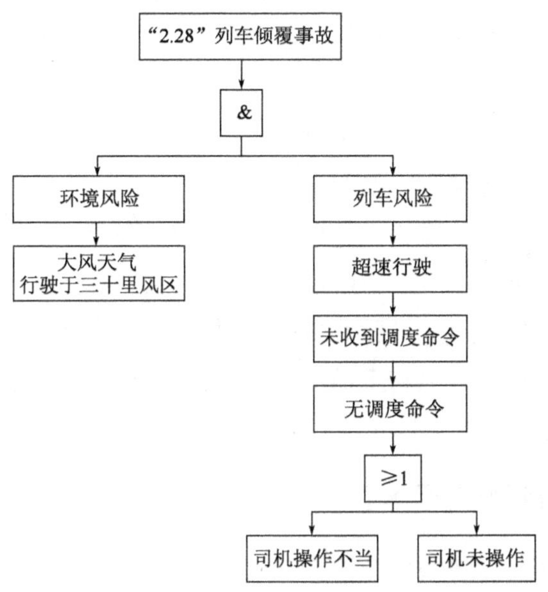

图5-2 “2·28”列车倾覆事故链

为了避免类似事故的发生,可从事故发生的各环节入手,采取相应的预防措施。

针对本案例可以给出以下建议:

(1)加强大风预警:提高铁路大风预测的准确性和时效性,加强对大风灾害预警的研究,及时发布预警信息。

(2)控制环境风险:大风频发路段应采取修建安全系数较高的挡风墙、种植防护林等防风措施,以弱化大风对列车的影响。

(3)优化调度指挥:推进调度系统的现代化和智能化,加强铁路大风调度指挥策略的研究。

(4)加强安全教育和技能培训:定期对调度员、列车司机等进行安全教育和培训,推动应急演练常态化,确保相关工作人员在大风条件下能够及时采取正确操作。

5.3 铁路大风灾害风险评价案例分析

对一个事物进行客观评判时,涉及的因素往往很多,单一指标无法准确衡量事物的好坏。为了从多种因素出发对事物进行综合判断,有学者提出了层次分析法。此方法根据因素之间的隶属关系,将研究的事物分解成不同的层次,并根据不同因素之间的相对重要度分别赋予其一定的权重系数。通过此方法,可以有效地对受多种因素影响的事物做出全面评价。

大风条件下铁路线路区段灾害风险评价涉及因素众多,需要根据各种影响因素做出综合的判断。系统的风险评价应当建立在对复杂指标的科学分析基础之上,需要大量科学的理论、试验和数据支撑,此类研究至今仍在探索中。下面选取层次分析法对铁路大风灾害风险评价分析案例进行介绍,主要介绍分析思路和分析方法,侧重定性分析。

5.3.1 建立评价指标体系

铁路大风灾害综合风险涉及因素众多,包括大风状况、列车状态、线路环境等。本部分选取一些典型因素做出层次划分,从危险性、暴露性、敏感性以及防灾减灾能力4个层面进行分析。

(1)危险性指标。

瞬时最大风速是引起列车倾覆的主要原因。不同强度的大风会对列车运行产生不同程度的影响,同时,大风情况越恶劣、大风出现的频率越高,造成的影响越严重。

本部分用致灾平均风出现频率、致灾平均风持续时间及致灾最大风出现频率来评价线路区段的危险性。这里参照我国高速铁路大风天气行车规则,将平均致灾风速和最大风速划分为4个等级,并依次赋予权重系数0.4、0.3、0.2和0.1,利用加权综合评价方法获得危险性指标层各指标的指数值。致灾大风等级划分如表5-2所示。

致灾大风等级划分 表5-2

等　级	划分标准	对高速列车运行的影响
一级	15m/s~20m/s	列车限速300km/h
二级	20m/s~25m/s	列车限速200km/h
三级	25m/s~30m/s	列车限速120km/h
四级	大于30m/s	禁止驶入风区

(2)暴露性指标。

对于铁路大风灾害,暴露性是指暴露在大风影响范围之内的列车和旅客。通常,列车和旅客的数量越多,可能遭受的潜在损失就越多,灾害风险就越高;列车速度越高、编组长度越大,其暴露在危险中的可能性就越大。因此,本部分选取列车开行密度、平均速度、平均上座率和列车编组长度4个指标来描述铁路大风灾害的暴露性。

(3)敏感性指标。

对于铁路大风灾害,风险敏感性是指大风灾害所处的自然环境和线路条件等是否正向作用于大风灾害的形成和发展。其中,局部地区地形如垭口、峡谷等,对大风致灾有加持作用,是风灾多发地区;植被覆盖率影响着风灾的形成和发展;线路工况影响列车运行的安全水平,其中,路堤及桥梁的高度对致灾风速较为敏感;线路坡度对大风条件下列车的安全水平影响较大。因此,本部分选取地形、植被覆盖率、路堤及桥梁高度、线路坡度作为敏感性指标。

(4)防灾减灾能力。

在线路两侧修建挡风墙是公认有效的防风措施,可以极大削弱大风对列车运行安全的影响。一些试验和研究结果表明,合适的挡风墙能够确保高速铁路列车在十二级大风(风速为32.7~36.9m/s,陆上极少见)下正常运行,对区域大风灾害的防治具有重要的作用。因此,是否设置合适的挡风墙是确定铁路区段大风防灾减灾能力的重要参考因素。

5.3.2 指标权重确定

一些研究表明,层次分析法可以用于确定大风灾害风险影响因子的权重系数[188-189]。本部分从大风条件下铁路安全风险因素出发,构造判断矩阵并进行一致性检验,通过文献资料法和专家评价法确定风险评价指标体系中各指标的权重。

(1)构造判断矩阵。

在层次分析法中,为了使判定定量化,需要构造判断矩阵,确定任意两因素之间的相对重要度。判断矩阵中的标度 b_{ij} 是根据资料数据、专家意见等综合确定的结果。本部分通过资料分析和专家评价,对同一准则层中任意两因素之间的相对重要度做出了评价,并采用 1 ~9 标度方法对不同因素做出评比。不同评比情况的数量标度如表 5-3 所示。判断矩阵具有如下性质:

$$b_{ij} = \frac{1}{b_{ji}} \tag{5-1}$$

不同评比情况的数量标度　　表 5-3

标　　度	划 分 标 准	标　　度	划 分 标 准
1	两元素同样重要	7	前者比后者重要得多
3	前者比后者稍微重要	9	前者比后者极端重要
5	前者比后者明显重要	2,4,6,8	折中标度

根据上述标度方法,分析铁路大风灾害风险因素的相对重要度,给出了相应的判断矩阵。准则层判断矩阵如表 5-4 所示,暴露性指标层判断矩阵如表 5-5 所示,敏感性指标层判断矩阵如表 5-6 所示。

准则层判断矩阵　　表 5-4

准　则　层	危　险　性	暴　露　性	敏　感　性	防灾减灾能力
危险性	1	5	5	1/5
暴露性	1/5	1	1	1/8
敏感性	1/5	1	1	3
防灾减灾能力	5	8	1/3	1

暴露性指标层判断矩阵　　表 5-5

暴露性指标	列车开行密度	平 均 速 度	平均上座率	列 车 长 度
列车开行密度	1	3	6	7
平均速度	1/3	1	2	5
平均上座率	1/6	1/2	1	3
列车长度	1/7	1/5	1/3	1

敏感性指标层判断矩阵　　表 5-6

敏感性指标	特 殊 地 形	线 路 坡 度	路基或桥梁高度	植被覆盖率
特殊地形	1	4	4	8
线路坡度	1/4	1	2	5
路基或桥梁高度	1/4	1/2	1	5
植被覆盖率	1/8	1/5	1/5	1

(2)一致性检验。

为了保证各因素重要度的协调性,需要对判断矩阵进行一致性检验。一致性指标越好,判断矩阵越接近于完全一致性。对上述判断矩阵进行一致性检验,结果显示这些判断矩阵均具有满意的一致性。由此,可确定上述各指标的权重系数如下:

准则层权重系数分别为 0.2403、0.0627、0.0627、0.6343;

暴露性指标层各指标权重系数分别为 0.5818、0.2357、0.1256、0.0569;

敏感性指标层各指标权重系数分别为 0.5735、0.2175、0.1609、0.0481。

5.3.3　指标归一化处理

由于各指标的量纲之间存在差异,不便于合并处理,因此,采用以下公式对各因子进行归一化处理:

$$Y = 0.5 + 0.5 \times \frac{X - X_{\min}}{X_{\max} - X_{\min}} \tag{5-2}$$

$$Y = 0.5 + 0.5 \times \frac{X_{\max} - X}{X_{\max} - X_{\min}} \tag{5-3}$$

式中:X——某因素的指标;

Y——指标 X 的规范化值;

X_{min}——评价区段内指标 X 的最小值;

X_{max}——评价区段内指标 X 的最大值。

除植被覆盖率指标用式(5-3)做归一化处理外,其他各指标均采用式(5-2)做归一化处理。

5.3.4 铁路大风灾害风险评价模型

根据上述方法建立铁路大风灾害风险评价模型,如表 5-7 所示。

大风灾害风险评价模型 表 5-7

目标层	准则层	权重系数	指标层	权重系数
铁路大风灾害综合风险	危险性	0.2403	致灾平均风频率	0.3625
			致灾最大风频率	0.4017
			致灾风持续时间	0.2358
	暴露性	0.0627	列车开行密度	0.5818
			平均速度	0.2357
			平均上座率	0.1256
			列车长度	0.0569
	敏感性	0.0627	植被覆盖率	0.0481
			路堤或桥梁高度	0.1609
			线路坡度	0.2175
			峡谷等特殊地形	0.5735
	防灾减灾能力	0.6343	有无挡风墙	1

根据该模型,可从危险性、暴露性、敏感性和防灾减灾能力 4 个层面综合评价铁路大风灾害风险,以确定线路上的大风灾害综合风险较高的区段,为预警策略的设置提供支持。对于危险性较高、暴露性较高、敏感性较高、防灾减灾能力较低的区段,一方面可以采取一些工程措施,针对性地增强防风措施;另一方面可以加强沿线大风监测,提高预警能力,降低大风预警阈值,建立更加有效的调度方式和应急措施。

5.3.5 案例分析

本部分运用上述模型对某铁路线路部分区段的大风灾害风险进行评价。首先对案例信息进行假设,案例选取了3个区段。与区段1相比,区段2致灾一级风出现频率增加、平均上座率增加、路堤高度减小;与区段1相比,区段3致灾四级风出现频率增加、平均上座率降低、线路坡度减小。案例信息如表5-8所示。

案例信息 表5-8

指标	类型	X_1	X_2	X_3	X_{max}	X_{min}
致灾平均风出现的频率	一级(次/年)	10	11	10	15	5
	二级(次/年)	5	5	5	10	2
	三级(次/年)	4	4	4	5	0
	四级(次/年)	2	2	3	5	0
致灾最大风出现的频率	一级(次/年)	10	11	10	15	5
	二级(次/年)	5	5	5	10	2
	三级(次/年)	4	4	4	5	0
	四级(次/年)	2	2	3	5	0
致灾平均风持续的时间	一级(min/次)	15	15	15	30	10
	二级(min/次)	15	15	15	20	10
	三级(min/次)	15	15	15	20	10
	四级(min/次)	30	30	30	50	10
暴露性指标	列车开行密度(对/天)	5	6	5	10	3
	平均速度(km/h)	300	300	300	300	250
	平均上座率(%)	75	75	90	90	70
	列车长度(换长)	36.4	36.4	36.4	36.5	36.3
敏感性指标	植被覆盖率(%)	50	50	50	70	30
	路堤高度(m)	5	3	5	5	3
	线路坡度(‰)	5	5	3	12	0
	峡谷等特殊地形	否	否	否	—	—

基于上述案例信息,利用已建立的大风灾害风险评价模型,分别计算危险性、暴露性、敏感性。案例区段大风灾害风险评价结果如表5-9所示。

案例区段大风灾害风险评价　　表 5-9

线路区段	危险性	暴露性	敏感性	防灾减灾能力
区段 1	0.7566	0.7309	0.3463	0
区段 2	0.7604	0.7724	0.2659	0
区段 3	0.7872	0.7780	0.3281	0

通过表 5-9 可见，在此次研究的线路范围内，虽然 3 个区段的致灾敏感性较低，但是其危险性和暴露性都较高，因此需要在日常运营中加强沿线的气象监测和预警工作，以保证列车安全运行。对评价结果的具体分析如下：

(1) 当致灾一级风从 10 次/年增加到 11 次/年时，区段的危险性增加了 0.5% 左右；

(2) 当致灾四级风从 2 次/年增加到 3 次/年时，区段的危险性增加了 4.0% 左右；

(3) 当列车开行密度从 5 对/d 增加到 6 对/d 时，区段的暴露性增加了 5.7% 左右；

(4) 当列车的平均上座率从 75% 增加到 90% 时，区段的暴露性增加了 6.4% 左右；

(5) 当路堤高度从 5m 降低到 3m 时，区段的敏感性降低了 23.2% 左右；

(6) 当线路坡度从 5‰降低到 3‰时，区段的敏感性降低了 5.3% 左右。

由(1)和(2)可知，风速超过 30m/s 的大风对列车运行的影响远超风速为 15～20m/s 的大风，这主要因为我国铁路大风天气行车规则规定，当风速超过 30m/s 时，列车应停车待避。

由(3)和(4)可知，虽然提高开行密度或上座率后，输送的旅客人数都会提高，但两者都会增加暴露性和降低大风行车安全性。

由(5)和(6)可知，降低线路坡度和路堤高度能够有效降低线路的致灾敏感性，提升大风行车安全性。

5.4 铁路大风预警策略分析案例

铁路大风预警策略的制定是一个非常复杂的问题，需要考虑预警提前时间、预警解除时间、预测风速、预测不确定性、报警阈值、多监测点情况、线路条件、列

车状态、预警可靠性等等。下面选取部分铁路大风预警关键因子，运用风险矩阵方法对铁路大风预测策略进行案例分析介绍。

5.4.1　风险评价方法

风险矩阵是常见的风险评价方法，此方法从事件危害程度及事件出现概率两个方面对风险等级进行分析评价。风险等级的划分标准有很多，一些铁路运营安全风险评价的研究将事件危险划分为 4 个等级，将事件发生概率划分为 6 个范围，本部分参考相应划分，将风险等级按照低、中、高、极高分为 4 个等级[190]。不同的风险等级对应不同的接受准则和不同的处理措施。风险等级与风险接受准则的对应关系如表 5-10 所示。

风险等级与风险接受准则对应关系　　表 5-10

风险等级	接受准则	处理措施
低度	可忽略	不需要采取风险处理措施和监测
中度	可容忍	一般不需要采取风险处理措施，但需要予以监测
高度	不期望	必须采取风险处理措施降低风险，并加强监测
极高	不可容忍	必须高度重视，采取可靠的规避措施

在对某一具体风险事件进行评价时，为了达到预警的目的，同时避免资源的浪费，事件危害等级的评定、事件发生概率范围的划分及风险接受准则的制定都应根据具体情况进行相应调整。

5.4.2　建立风险评价模型

(1)确定预警提前时间。

①预警提前时间计算。

利用铁路大风预警系统对线路区段进行风速预测，当预测风速超过报警阈值后，系统发出报警信息。列车调度员确认报警信息后，通过调度集中系统确定受影响列车的信息，然后将调度命令下达给列车司机，司机收到调度命令后采取相应措施。此过程中，信息传输、预测计算、调度命令下达、司机对调度命令的响应、调度策略生效等都需要一定的时间，这些都应计入预警提前时间。

②信息传输时间。

通常，信息的传输耗时很少，计算时可忽略不计；预测时间与预测模型、计算服务器有关；调度命令下达时间受调度员业务水平的影响；司机的反应时间主要受司机业务水平、制动反应时间、连续驾驶时间等因素的影响；调度策略生效时间是指列车制动需要的时间，主要受制动初速度和目标速度影响。

③制动时间。

列车制动主要包括紧急制动、最大常用制动等。在列车正常运行时，采用最大常用制动进行速度调节，在实施过程中可以被缓解。紧急制动是最高等级的制动方式，在紧急情况下采用此方式可使列车在尽可能短的时间和距离内安全停车，在实施过程中不能被缓解[44]。不同车型的紧急制动和最大常用制动下的制动距离和制动时间有所不同。如采用紧急制动时，CRH3 动车组 300km/h 初速度的制动距离约为 3200m，制动时间约为 75s；采用最大常用制动时，CRH3 动车组 300km/h 初速度的制动距离约为 5350m，制动时间约为 120s[191]。

为简化复杂的统计分析过程，本部分将铁路大风预警系统的高精度风速预测时间设定为 10min，将较高精度风速预测时间设定为 30min，仅对两者的预测准确度进行假定。

(2)确定风险严重程度。

风速是铁路大风行车安全的关键性指标。通常，在预测风速可信度较高时，可以认为预测风速越高，潜在的风险就越高，对列车运行的影响也就越大。因此，可以根据风速预测情况来近似预估大风行车风险的高低。

(3)确定风险概率。

风险事件发生概率范围的确定会影响风险等级的评定，实际评价中应遵照相关的技术规范，由相关各方商议后确定。本部分将大风预警风险概率范围划分为 5 个区段，如表 5-11 所示。

大风预警风险概率范围 表 5-11

概率范围(%)	解释说明	概率范围(%)	解释说明
0~10	非常不可能发生	61~90	可能发生
11~40	不可能发生	91~100	极有可能发生
41~60	可能在项目中期发生		

(4)建立风险评价矩阵。

根据铁路大风预警风险严重等级和风险概率范围，从不同预警提前时间出发,确定相应的风险评价矩阵,矩阵中1代表可忽略,2代表可以容忍,3代表不期望,4代表不可容忍。为了简化分析过程,这里的风险评价仍以专家评价为主。预警提前时间30min下的风险评价矩阵如表5-12所示,预警提前时间10min下的风险评价矩阵如表5-13所示。

预警提前时间30min下的风险评价矩阵 表5-12

大风出现的概率(%)	15~20m/s	20~25m/s	25~30m/s	大于30m/s
91~100	3	4	4	4
61~90	3	3	4	4
41~60	3	3	3	3
11~40	2	2	3	3
0~10	1	1	2	2

预警提前时间10min下的风险评价矩阵 表5-13

大风出现的概率(%)	15~20m/s	20~25m/s	25~30m/s	大于30m/s
91~100	4	4	4	4
61~90	3	4	4	4
41~60	3	3	4	4
11~40	2	3	3	3
0~10	1	2	2	3

5.4.3 预警策略制定

当预警提前时间为30min时,对于不可容忍的风险事件,按照大风天气行车规则采取预警调度策略;对于不期望的风险事件,按照大风天气行车规则降级处理,采取相应的预警调度策略。在预警提前时间为10min时,对于不期望和不可容忍的风险事件,均按照大风天气行车规则采取预警调度策略;对于可容忍的风险事件,按照大风天气行车规则降级处理。预警提前时间为30min情况下的调度策略如表5-14所示,预警提前时间为10min情况下的调度策略如表5-15所示。

预警提前时间 30min 下的调度策略　　表 5-14

大风出现的概率(%)	(15,20m/s]	(20,25m/s]	(25,30m/s]	大于 30m/s
91~100	密切监测	限速 200	限速 120	停车待避
61~90	密切监测	限速 300	限速 120	停车待避
41~60	密切监测	限速 300	限速 200	限速 120
11~40	正常行车	密切监测	限速 200	限速 120
0~10	正常行车	正常行车	密切监测	密切监测

预警提前时间 10min 下的调度策略　　表 5-15

大风出现的概率(%)	(15,20m/s]	(20,25m/s]	(25,30m/s]	大于 30m/s
91~100	限速 300	限速 200	限速 120	停车待避
61~90	限速 300	限速 200	限速 120	停车待避
41~60	限速 300	限速 200	限速 120	停车待避
11~40	密切监测	限速 200	限速 120	停车待避
0~10	正常行车	限速 300	限速 200	停车待避

5.5　铁路大风预警系统搭建案例分析

铁路沿线大风预警系统是铁路沿线短时大风预测技术的载体，通常包含访问、数据读写、模型计算、可视化等多种功能。此类系统的编写有多种方式，下面对一个较为简单的案例进行技术介绍。

案例系统采用 B/S 体系架构，基于 JavaEE 环境编写。在系统中，客户端向服务器发起 http 请求，而 JavaEE server 中的 web 服务层可以处理 http 请求。系统前端主要包括数据渲染、请求等简单逻辑，多数逻辑由后台实现。此外JavaEE 的服务器可以与 mySQL 数据库进行数据交换，然后将模板和数据渲染成最终的 HTML 页面，返送给客户端。系统采用的具体技术如下。

系统前端采用 html + css + JavaScript。超文本标记语言 HTML 是一个网页的骨架，无论是静态网页还是动态网页，最终返回到浏览器端的都是 HTML 代码，浏览器将 HTML 代码解释渲染后呈现给用户。CSS 是层叠样式表，能够使网页表现与内容进行分离，相对于传统 HTML，CSS 的样式可以复用，可提高系统开发速度、降低系统维护成本。JavaScript 是一种在客户端广泛使用的脚本语言，JavaScript 提供了一些内置函数、对象和 DOM 操作，这些模块可以令系统实现一些客户端的特效、验证、交互等，使操作界面和功能更加完善。

系统框架采用 jQuery + Layui。jQuery 是一种快速、简捷的 JavaScript 框架，封装了一些 JavaScript 常用的功能代码，提供了一种简便的 JavaScript 设计模式，优化了 HTML 文档操作、动画设计和 Ajax 交互。案例系统主要利用了 jQuery 中的文档操作和 Ajax 交互功能。Layui 是一款采用自身模块规范编写的前端 UI 框架，遵循 HTML/CSS/JS 的书写与组织形式。Layui 提供了丰富的内置模块，如 layer、layDate、layPage、laytpl、table、form 等，可通过模块化方式按需加载。案例系统主要采用了其中的 table、form、layer 等模块。

系统后端采用 Jsp + Servlet + Jdbc 和 mySQL 数据库。其中数据库主要包括 login 表、windcondition 表、windwarning 表等。Login 表是登录信息表，里面有已经注册到该系统的用户名及密码，和前端的登录界面相对应。Windcondition 表里记录了某铁路沿线各大风监测点一段时间内的风速、风向、温度、湿度以及压强情况，和前端的风速风向历史记录相对应。Windwarning 表里记录了铁路线沿线大风行车限速建议情况。

在数据可视化中，采用 echarts + jsp + MySQL 绘制折线图和柱状图，将数据以直观、清晰的形式表达出来。鼠标悬浮在任意一点上可以显示出该时间点的所有数据，此外，可以通过鼠标滚轮缩放和下方的滑动条对数据显示范围进行缩放和拉伸，帮助后台工作人员查看不同时间范围内的监测情况以及未来的风速、风向、温度、湿度监测状况和趋势，及时给行至该区间的列车提供反馈信息。

通过上述技术，案例系统可以实现不同测点大风监测数据的读入、线路数据的读入、大风数据的预测、数据可视化展示、大风报警、提供限速建议等功能，且为特定操作人员赋予一定的修改权限。案例系统的部分界面如图 5-3 所示。

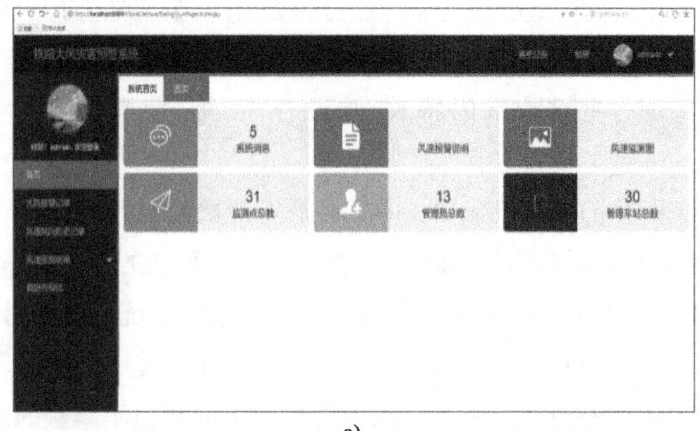

a)

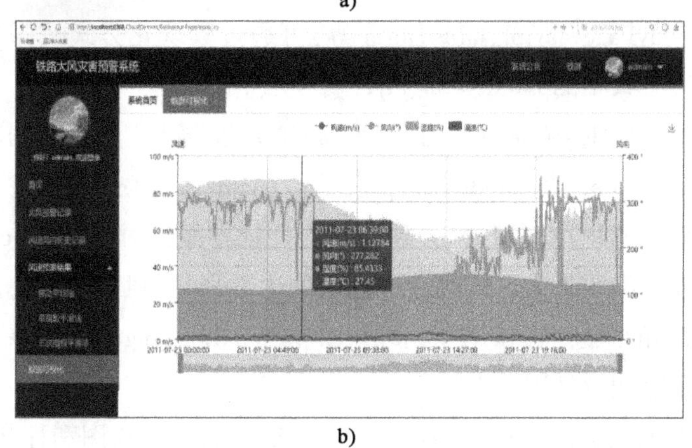

b)

图 5-3　系统部分界面

需要注意的是，面向工程应用的铁路沿线大风预警系统，应尽量在设计阶段做好系统架构和功能架构，并为一些暂未实现的功能预留接口，以方便未来系统的功能升级。

参考文献

[1] 刘强. 高铁强风灾害对策分析[J]. 工程建设与设计, 2018, 6: 121-122.

[2] 包云,王瑞. JR 东日本铁路公司风雨灾害监测经验和启示[J]. 中国铁路, 2016,11:81-85.

[3] 田红旗. 中国恶劣风环境下铁路安全行车研究进展[J]. 中南大学学报(自然科学版),2010,41(06):2435-2443.

[4] 李永乐,向活跃,强士中. 风-列车-桥系统耦合振动研究综述[J]. 中国公路学报,2018,31(07):24-37.

[5] 于梦阁,张继业,张卫华. 随机风速下高速列车的运行安全可靠性[J]. 力学学报,2013,45(04):483-492.

[6] Z Chen,T Liu,W Li,et al. Aerodynamic performance and dynamic behaviors of a train passing through an elongated hillock region beside a windbreak under crosswinds and corresponding flow mitigation measures[J]. Journal of Wind Engineering and Industrial Aerodynamics,2021,208:104434.

[7] 米希伟,鲁寨军,钟睦. 大风条件下动车组滚摆特性研究[J]. 铁道科学与工程学报,2016,13(5):806-811.

[8] D Liu,G M Tomasini,F Cheli,et al. Effect of aerodynamic force change caused by car-body rolling on train overturning safety under strong wind conditions[J]. Vehicle System Dynamics,2020,198:104111.

[9] 俞萍. 兰新高速铁路桥梁挡风结构挡风板设计[J]. 铁道标准设计,2016,60(07):86-90.

[10] J Zhang,G Gao,T Liu,et al. Shape optimization of a kind of earth embankment type windbreak wall along the Lanzhou-Xinjiang railway[J]. Journal of Applied Fluid Mechanics,2017,10(4):1189-1200.

[11] 魏玉光,杨浩,韩学磊. 青藏铁路大风天气运输组织方法[J]. 中国铁道科学,2006,27(5):114-117.

[12] 黄双林. 兰新高铁防风标准研究[J]. 铁道工程学报,2019,36(06):14-17+73.

[13] Tielkes T,Gautier P E. Common DeuFraKo Research on Cross Wind Effects on High Speed Railway Operation 2001-2004 [R]. Deutsche Bahn AG, DB Systemtechnik and SNCF, Direction de l' Innovation et de la Recherche. Munich and Paris,2005.

[14] Research Program Engineering Aerodynamics in the Open Air (AOA) European Project WP2 Crosswind issues - Summary report-RSSB[R]. Munich,2008.

[15] 李博文,张靖. 风电场风速及风功率预测研究综述[J]. 贵州电力技术,2017,20(5):9-13.

[16] 段学伟,王瑞琪,王昭鑫,等. 风速及风电功率预测研究综述[J]. 山东电力技术,2015,42(7):26-32.

[17] 沈志毅. 风速及风功率预测方法研究综述[J]. 贵州电力技术,2015,18(5):13-15.

[18] 刘烨,卢小芬,方瑞明,等. 风力发电系统中风速预测方法综述[J]. 电网与清洁能源,2010,26(6):62-66.

[19] 洪翠,林维明,温步瀛. 风电场风速及风电功率预测方法研究综述[J]. 电网与清洁能源,2011,27(138):68-74.

[20] M Lei,L Shiyan,J Chuanwen,et al. A review on the forecasting of wind speed and generated power[J]. Renewable and Sustainable Energy Reviews,2009,13(4):915-920.

[21] Q He,J Wang,and H Lu. A hybrid system for short-term wind speed forecasting [J]. Applied Energy,2018,226:756-771.

[22] J Wang,S Xiong. A hybrid forecasting model based on outlier detection and fuzzy time series - A case study on Hainan wind farm of China[J]. Energy,2014,76:526-541.

[23] 刘菊艳. 基于数据挖掘技术的短期风速预测[D]. 西安:西安科技大学,2010.

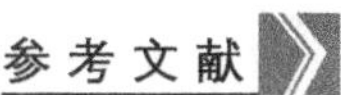

[24] A Rezaeiha, H Montazeri, B Blocken. Towards accurate CFD simulations of vertical axis wind turbines at different tip speed ratios and solidities: Guidelines for azimuthal increment, domain size and convergence[J]. Energy Conversion and Management, 2018, 156: 301-316.

[25] Z Su, J Wang, H Lu, et al. A new hybrid model optimized by an intelligent optimization algorithm for wind speed forecasting[J]. Energy Conversion and Management, 2014, 85: 443-452.

[26] C Zhang, H Wei, L Xie, et al. Direct interval forecasting of wind speed using radial basis function neural networks in a multi-objective optimization framework[J]. Neurocomputing, 2016, 205: 53-63.

[27] Perivolaris Y G, Mourikis D G, Zagorakis V P. Coupling of amesoscale atmospheric prediction system with a CFD micro-climatic model for production forecasting of wind farms incomplex terrain: test case in the island of evia[C]. European Wind Energy Conference & Exhibition, 2006, 220-229.

[28] Giebel G, Badger J, Martí P I. Short-term forecasting using advanced physical modelling-the results of the an emos project results from mesoscale, microscale and CFD modelling[C]. European Wind Energy Conference & Exhibition, 2006, 236-264.

[29] T Howard, P Clark. Correction and downscaling of NWP wind speed forecasts [J]. Meteorological Applications, 2007, 14(2): 105-116.

[30] E Pelikan, K Eben, J Resler, et al. Wind power forecasting by an empirical model using NWP outputs [C]. IEEE, 9th International Conference on Environment and Electrical Engineering, 2010: 45-48.

[31] 冯双磊,王伟胜,刘纯,等.基于物理原理的风电场短期风速预测研究[J].太阳能学报,2011,32(5):611-616.

[32] 孙川永,陶树旺,罗勇,等.海陆风及沿海风速廓线在风电场风速预报中的应用[J].地球物理学报,2009,52(3):630-636.

[33] 李莉,刘永前,杨勇平,等.基于CFD流场预计算的短期风速预测方法[J].

中国电机工程学报,2013,33(7):22,27-32.

[34] 赵川,陈根军,叶华,等.考虑地形影响的短期风电功率预测[J].应用科技,2015,42(6):10-13.

[35] 陈勇,彭志伟,楼文娟,等.冲击风稳态流场 CFD 模拟及三维风速经验模型研究[J].计算力学学报,2010,(3):428-434.

[36] 陈玲,赖旭,刘霄,等.WRF 模式在风电场风速预测中的应用[J].武汉大学学报(工学版),2012,45(1):103-106.

[37] 王艺淋,李振山,曾秋兰.高速铁路沿线短时大风预测方法[J].中国沙漠,2014,34(3):861-868.

[38] 薛禹胜,陈宁,王树民,等.关于利用空间相关性预测风速的评述[J].电力系统自动化,2017,41(40):161-169.

[39] T G Barbounis, J B Theocharis. Locally recurrent neural networks for wind speed prediction using spatial correlation[J]. Information Sciences,2007,177(24):5775-5797.

[40] A Tascikaraoglu, B M Sanandaji, K Poolla, et al. Exploiting sparsity of inter-connections in spatio-temporal wind speed forecasting using Wavelet Transform[J]. Applied Energy,2016,165:735-747.

[41] 简金宝,刘思东.风速空间相关性和最优风电分配[J].电力系统保护与控制,2013,41(19):110-117.

[42] 李文良,卫志农,孙国强,等.基于改进空间相关法和径向基神经网络的风电场短期风速分时预测模型[J].电力自动化设备,2009,29(6):93-96.

[43] 陈妮亚,钱政,孟晓风,等.基于空间相关法的风电场风速多步预测模型[J].电工技术学报,2013,28(5):21-27.

[44] 吴桂联.短期风电功率预测技术研究[D].天津:天津大学,2012.

[45] 杨秀媛,肖洋,陈树勇.风电场风速和发电功率预测研究[J].中国电机工程学报,2005,(11):1-5.

[46] D C Kiplangat, K Asokan, K S Kumar. Improved week-ahead predictions of wind speed using simple linear models with wavelet decomposition [J].

Renewable Energy,2016,93:38-44.

[47] J Z Wang,Y Wang,and P Jiang. The study and application of a novel hybrid forecasting model - A case study of wind speed forecasting in China[J]. Applied Energy,2015,143:472-488.

[48] H Akçay,T Filik. Short-term wind speed forecasting by spectral analysis from long-term observations with missing values[J]. Applied Energy,2017,191:653-662.

[49] G W Chang,H J Lu,Y R Chang,et al. An improved neural network-based approach for short-term wind speed and power forecast[J]. Renewable Energy,2017,105:301-311.

[50] M Lydia,S Suresh Kumar,A Immanuel Selvakumar,et al. Linear and non-linear autoregressive models for short-term wind speed forecasting[J]. Energy Conversion and Management,2016,112:115-124.

[51] E Erdem,J Shi. ARMA based approaches for forecasting the tuple of wind speed and direction[J]. Apply Energy,2011,88(4):1405-1414.

[52] R G Kavasseri and K. Seetharaman. Day-ahead wind speed forecasting using f-ARIMA models[J]. Renewable Energy,2009,34(5):1388-1393.

[53] O Ait Maatallah,A Achuthan,K Janoyan,et al. Recursive wind speed forecasting based on Hammerstein Auto-Regressive model[J]. Applied Energy,2015,145:191-197.

[54] W Zhao,Y-M Wei,Z Su. One day ahead wind speed forecasting:A resampling-based approach[J]. Applied Energy,2016,178:886-901.

[55] 王松岩,于继来. 风速与风电功率的联合条件概率预测方法[J]. 中国电机工程学报,2011,31(7):7-15.

[56] 丁明,张立军,吴义纯. 基于时间序列分析的风电场风速预测模型[J]. 电力自动化设备,2005,25(8):31-34.

[57] 潘迪夫,刘辉,李燕飞. 风电场风速短期多步预测改进算法[J]. 中国电机工程学报,2008,28(26):87-91.

[58] 栗然,王粤,曹磊.基于Box_Cox变换的风电场短期风速预测模型[J].现代电力,2008,25(4):35-39.

[59] 邵璠,孙育河,梁岚珍.基于时间序列法的风电场风速预测研究[J].制造业自动化,2008,36(10):25-28.

[60] 史宇伟,潘学萍.计及历史气象数据的短期风速预测[J].电力自动化设备,2014,34(10):80-85.

[61] 靳小钊,王娟娟,赵闻蕾.基于改进新陈代谢GM_1_1_模型的短期风速预测算法[J].大连交通大学学报,2015,36(1):124-126.

[62] J Zhou,J Shi,G Li. Fine tuning support vector machines for short-term wind speed forecasting[J]. Energy Conversion and Management,2011,52(4):1990-1998.

[63] G Li,J Shi. On comparing three artificial neural networks for wind speed forecasting[J]. Applied Energy,2010,87(7):2313-2320.

[64] X Wu et al. A study of single multiplicative neuron model with nonlinear filters for hourly wind speed prediction[J]. Energy,2015,88:194-201.

[65] J Zhou,J Shi,G Li. Fine tuning support vector machines for short-term wind speed forecasting[J]. Energy Conversion and Management,2011,52(4):1990-1998.

[66] N A Shrivastava,K Lohia,B K Panigrahi. A multiobjective framework for wind speed prediction interval forecasts[J]. Renewable Energy,2016,87:903-910.

[67] C Ren, N An, J Wang, et al. Optimal parameters selection for BP neural network based on particle swarm optimization: A case study of wind speed forecasting[J]. Knowledge-Based Systems,2014,56:226-239.

[68] G Santamaría-Bonfil, A Reyes-Ballesteros, C Gershenson. Wind speed forecasting for wind farms: A method based on support vector regression[J]. Renewable Energy,2016,85:790-809.

[69] C Zhang,H Wei,L Xie,et al. Direct interval forecasting of wind speed using radial basis function neural networks in a multi-objective optimization

framework[J]. Neurocomputing,2016,205:53-63.

[70] 吴俊利,张步涵,王魁. 基于 Adaboost 的 BP 神经网络改进算法在短期风速预测中的应用[J]. 电网技术,2012,36(9):226-230.

[71] 高阳,钟宏宇,葛延峰,等. 基于 GRNN 全信息神经网络的超短期风速预测研究[J]. 测控技术,2016,35(4):154-157.

[72] 吴栋梁,王扬,郭创新,等. 基于改进 GMDH 网络的风电场短期风速预测[J]. 电力系统保护与控制,2011,39(2):88-93,111.

[73] 杜颖,卢继平,李青,等. 基于最小二乘支持向量机的风电场短期风速预测[J]. 电网技术,2008,No. 284(15):66-70.

[74] X Mi,S Zhao. Wind speed prediction based on singular spectrum analysis and neural network structural learning [J]. Energy Conversion and Management, 2020,216:112956.

[75] H Liu,H Tian,X Liang,et al. New wind speed forecasting approaches using fast ensemble empirical model decomposition, genetic algorithm, Mind Evolutionary Algorithm and Artificial Neural Networks[J]. Renewable Energy, 2015,83:1066-1075.

[76] L Xiao,W Shao,C Wang,et al. Research and application of a hybrid model based on multi-objective optimization for electrical load forecasting [J]. Applied Energy,2016,180:213-233.

[77] 苏鹏宇. 考虑风速变化模式的风速预报方法研究 [D]. 哈尔滨:哈尔滨工业大学,2013.

[78] I Okumus,A Dinler. Current status of wind energy forecasting and a hybrid method for hourly predictions[J]. Energy Conversion and Management,2016, 123:362-371.

[79] S Salcedo-Sanz,A Pastor-Sánchez,L. Prieto,et al. Feature selection in wind speed prediction systems based on a hybrid coral reefs optimization-Extreme learning machine approach[J]. Energy Conversion and Management,2014, 87:10-18.

[80] 刘明凤,修春波. 基于 ARMA 与神经网络的风速序列混合预测方法[J]. 中南大学学报(自然科学版),2013,44(S1):16-20.

[81] R Ata. Artificial neural networks applications in wind energy systems: a review [J]. Renewable and Sustainable Energy Reviews,2015,49:534-562.

[82] A Troncoso, S Salcedo-Sanz, C Casanova-Mateo, et al. Local models-based regression trees for very short-term wind speed prediction[J]. Renew. Energy, 2015,81:589-598.

[83] 戴浪,黄守道,黄科元,等. 风电场风速的神经网络组合预测模型[J]. 电力系统及其自动化学报,2011,23(4):27-31.

[84] 杨琦,张建华,王向峰,等. 基于小波_神经网络的风速及风力发电量预测[J]. 电网技术,2009,33(17):44-48.

[85] 魏翔. 基于小波包分解和布谷鸟算法的最小二乘支持向量机风速预测模型的研究与应用[D]. 兰州:兰州大学,2015.

[86] 杨洪,古世甫,崔明东,等. 基于遗传优化的最小二乘支持向量机风电场风速短期预测[J]. 电力系统保护与控制,2011,39(11):44-48,61.

[87] B Doucoure, K Agbossou, A Cardenas. Time series prediction using artificial wavelet neural network and multi-resolution analysis: Application to wind speed data[J]. Renew. Energy,2016,92:202-211.

[88] H Liu, H Q Tian, X F Liang, et al. Wind speed forecasting approach using secondary decomposition algorithm and Elman neural networks[J]. Applied Energy,2015,157:183-194.

[89] W Sun, M Liu. Wind speed forecasting using FEEMD echo state networks with RELM in Hebei, China[J]. Energy Conversion and Management,2016,114: 197-208.

[90] S Wang, N Zhang, L Wu, et al. Wind speed forecasting based on the hybrid ensemble empirical mode decomposition and GA-BP neural network method [J]. Renewable Energy,2016,94:629-636.

[91] S Qin, F Liu, J Wang, et al. Interval forecasts of a novelty hybrid model for

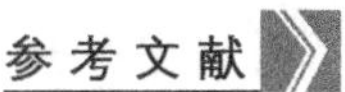

wind speeds[J]. Energy Reports,2015,1:8-16.

[92] W Zhang,Z Qu,K Zhang,et al. A combined model based on CEEMDAN and modified flower pollination algorithm for wind speed forecasting[J]. Energy Conversion and Management,2017,136:439-451.

[93] J Wang, Y Wang, P Jiang. The study and application of a novel hybrid forecasting model-A case study of wind speed forecasting in China[J]. Applied Energy,2015,143:472-488.

[94] C Zhang,J Zhou,C Li,et al. A compound structure of ELM based on feature selection and parameter optimization using hybrid backtracking search algorithm for wind speed forecasting[J]. Energy Conversion and Management, 2017,143:360-376.

[95] L Xiao,F Qian,W Shao. Multi-step wind speed forecasting based on a hybrid forecasting architecture and an improved bat algorithm[J]. Energy Conversion and Management,2017,143:410-430.

[96] C Zhang,H Wei,J Zhao,et al. Short-term wind speed forecasting using empirical mode decomposition and feature selection[J]. Renewable Energy,2016,96: 727-737.

[97] A A Abdoos. A new intelligent method based on combination of VMD and ELM for short term wind power forecasting[J]. Neurocomputing, 2016, 203: 111-120.

[98] 刘亚南,卫志农,朱艳,等. 基于 D_S 证据理论的短期风速预测模型[J]. 电力自动化设备,2013,33(8):131-136.

[99] 李军,李大超. 基于 CEEMDAN_FE_KELM 方法的短期风电功率预测[J]. 信息与控制,2016,45(2):135-141.

[100] 陈忠. 基于 BP 神经网络与遗传算法风电场超短期风速预测优化研究[J]. 可再生能源,2012,30(2):38-42.

[101] D Liu,J Wang, and H Wang. Short-term wind speed forecasting based on spectral clustering and optimised echo state networks[J]. Renewable Energy,

2015,78:599-608.

[102] A Meng,J Ge,H Yin,et al. Wind speed forecasting based on wavelet packet decomposition and artificial neural networks trained by crisscross optimization algorithm[J]. Energy Conversion and Management,2016,114:75-88.

[103] J Wang, J Hu. A robust combination approach for short-term wind speed forecasting and analysis - Combination of the ARIMA (Autoregressive Integrated Moving Average), ELM (Extreme Learning Machine), SVM (Support Vector Machine) and LSSVM (Least Square SVM) forecasts usi [J]. Energy,2015,93:41-56.

[104] O B Shukur,M H Lee. Daily wind speed forecasting through hybrid KFANN model based on ARIMA[J]. Renewable Energy,2015,76:637-647.

[105] E Cadenas, W Rivera. Wind speed forecasting in three different regions of Mexico,using a hybrid ARIMA-ANN model[J]. Renewable Energy,2010,35(12):2732-2738.

[106] H Chitsaz,N Amjady,H Zareipour. Wind power forecast using wavelet neural network trained by improved Clonal selection algorithm[J]. Energy Conversion and Management,2015,89:588-598.

[107] Z Su,J Wang,H Lu,et al. A new hybrid model optimized by an intelligent optimization algorithm for wind speed forecasting[J]. Energy Conversion and Management,2014,85:443-452.

[108] H M I Pousinho,V M F Mendes,J P S Catalão. A hybrid pso-anfis approach for short-term wind power prediction in Portugal[J]. Energy Conversion and Management,2011,52(1):397-402.

[109] J Wang,J Heng,L Xiao,et al. Research and application of a combined model based on multi-objective optimization for multi-step ahead wind speed forecasting[J]. Energy,2017,125:591-613.

[110] S Sun,H Qiao,Y Wei,et al. A new dynamic integrated approach for wind speed forecasting[J]. Applied Energy,2017,(197):151-162.

[111] J Zhao, Z H Guo, Z Y Su, et al. An improved multi-step forecasting model based on WRF ensembles and creative fuzzy systems for wind speed[J]. Applied Energy, 2016, 162: 808-826.

[112] Z Qu, W Mao, K Zhang, et al. Multi-step wind speed forecasting based on a hybrid decomposition technique and an improved back-propagation neural network. Renewable Energy. 2019; 133: 919-929.

[113] X Ma, Y Jin, Q Dong. A generalized dynamic fuzzy neural network based on singular spectrum analysis optimized by brain storm optimization for short-term wind speed forecasting[J]. Applied Soft Computing Journal, 2017, 54: 296-312.

[114] Y Wang, J Wang, X Wei. A hybrid wind speed forecasting model based on phase space reconstruction theory and Markov model: A case study of wind farms in northwest China[J]. Energy, 2015, 91: 556-572.

[115] J Hu, J Wang, L Xiao. A hybrid approach based on the Gaussian process with t-observation model for short-term wind speed forecasts[J]. Renewable Energy, 2017, 114: 670-685.

[116] J Hu, J Wang. Short-term wind speed prediction using empirical wavelet transform and Gaussian process regression[J]. Energy, 2015, 93: 1456-1466.

[117] C Feng, M Cui, B M Hodge, et al. A data-driven multi-model methodology with deep feature selection for short-term wind forecasting[J]. Applied Energy, 2017, 190: 1245-1257.

[118] 陈勤勤,陈国初. 基于统计聚类与时序分析的风电场短期风速预测模型[J]. 上海电机学院学报, 2014, 17(2): 18-24.

[119] 何育,高山,陈昊. 基于ARMA-ARCH模型的风电场风速预测研究[J]. 江苏电机工程, 2009, 28; No. 125(3): 8-11.

[120] 田中大,李树江,王艳红,等. 短期风速时间序列混沌特性分析及预测[J]. 物理学报, 2015, 64(3): 1-11.

[121] 姜言,黄国庆,彭新艳,等. 基于GARCH的短时风速预测方法[J]. 西南交

通大学学报,2016,51(4):663-669.

[122] 高爽,冬雷,高阳,等.基于粗糙集理论的中长期风速预测[J].中国电机工程学报,2012,32 (1):60-65.

[123] 卿湘运,杨富文,王行愚.采用贝叶斯_克里金_卡尔曼模型的多风电场风速短期预测[J].中国电机工程学报,2012,32(35):129-136.

[124] 王扬,张金江,温柏坚,等.风电场超短期风速预测的相空间优化邻域局域法[J].电力系统自动化,2011,35(24):44-48,63.

[125] 陈盼,陈皓勇,叶荣,等.基于小波包和支持向量回归的风速预测[J].电网技术,2011,35(5):177-182.

[126] 侯一民,周慧琼,王政一.深度学习在语音识别中的研究进展综述[J].计算机应用研究,2017,34(8):2241-2246.

[127] 马萌萌.基于深度学习的极限学习机算法研究[D].青岛:中国海洋大学,2015.

[128] X Ma, Z Tao, Y Wang, et al. Long short-term memory neural network for traffic speed prediction using remote microwave sensor data [J]. Transportation Research Part C:Emerging Technologies,2015,54:187-197.

[129] J Wang,W Zhang,Y Li,et al. Forecasting wind speed using empirical mode decomposition and Elman neural network [J]. Applied Soft Computing Journal,2014,23:452-459.

[130] Y Chen,Z Lin,X Zhao,et al. Deep learning-based classification of hyperspectral data[J]. IEEE Journal of Selected Topics in Applied Earth Observations and Remote Sensing,2014,7(6):2094-2107.

[131] H Z Wang,G B Wang,G Q Li,et al. Deep belief network based deterministic and probabilistic wind speed forecasting approach[J]. Applied Energy,2016,182:80-93.

[132] I M Coelho, V N Coelho, E J da S Luz, et al. A GPU deep learning metaheuristic based model for time series forecasting[J]. Applied Energy,2017,201:412-418.

[133] H Wang, G Li, G Wang, et al. Deep learning based ensemble approach for probabilistic wind power forecasting[J]. Applied Energy, 2017, 188: 56-70.

[134] Q Hu, R Zhang, Y Zhou. Transfer learning for short-term wind speed prediction with deep neural networks[J]. Renewable Energy, 2016, 85: 83-95.

[135] H Z Wang, G B Wang, G Q Li, et al. Deep belief network based deterministic and probabilistic wind speed forecasting approach[J]. Applied Energy, 2016, 182: 80-93.

[136] H Salmane, L Khoudour, Y Ruichek. A Video-Analysis-Based Railway-Road Safety System for Detecting Hazard Situations at Level Crossings[J]. IEEE Transactions on Intelligent Transportation Systems, 2015, 16(2): 596-609.

[137] Q Hu, L Bian, M Tan. A data perception model for the safe operation of high-speed rail in rainstorms[J]. Transportation Research Part D: Transport and Environment, 2020, 83: 102326.

[138] S Landry, M Jeon, P Lautala, et al. Design and assessment of in-vehicle auditory alerts for highway-rail grade crossings[J]. Transportation Research Part F: Traffic Psychology and Behaviour, 2019, 62: 228-245.

[139] 许平. 青藏铁路大风监测预警与行车指挥系统研究[D]. 长沙: 中南大学, 2009.

[140] 王娇娇. 高铁大风报警及解除信息车地传输技术研究及试验应用[C]. 中国智能交通协会. 第十五届中国智能交通年会科技论文集, 中国智能交通协会: 中国智能交通协会, 2020: 7.

[141] 彭其渊, 冯予莛, 庄河, 等. 高速铁路调度指挥预警及应急管理系统设计与实现[J]. 交通运输工程与信息学报, 2019, 17(04): 9-17.

[142] 龚炯, 王鹏. 高速铁路大风监测预警系统的研究[J]. 高速铁路技术, 2012, 3(01): 5-8 + 14.

[143] 余传锦. 复杂山区桥梁大风行车安全预警系统研究[D]. 成都: 西南交通大学, 2019.

[144] 滕飞, 刘鉴竹, 祝锦烨, 等. 高铁大风预警模式挖掘[J]. 国防科技大学学

报,2020,42(02):55-63.

[145] 姜海.高速铁路监测系统大风预警功能方案研究[J].电气化铁道,2016(03):43-46.

[146] Hibino Y, Misu Y, Kurihara T , et al. Study of New Methods for Train Operation Control in Strong Winds[J]. JR EAST Technical Review, 2011, 19:31-36.

[147] Z Jie, J Wang, Q Wang, et al. A study of the influence of bogie cut outs' angles on the aerodynamic performance of a high-speed train[J]. Journal of Wind Engineering and Industrial Aerodynamics, 2018, 175:153-168.

[148] P Wang, R M P Goverde, J van Luipen. A connected driver advisory system framework for merging freight trains[J]. Transportation Research Part C: Emerging Technologies, 2019, 105:203-221.

[149] 袁嘉杉,朱昌锋,武永贵.铁路事故应急资源调度决策研究[J].中国安全科学学报,2018,28(12):158-164.

[150] Montemerlo M, Becker J, Bhat S, et al. Junior: The Stanford entry in the Urban Challenge[J]. Journal of Field Robotics, 2008, 25(9):569-597.

[151] Olsson M. Behavior Trees for decision-making in Autonomous Driving [M]. 2016.

[152] 潘新民,闫宏凯,沙艳萍.大风精细化预报及对动车安全影响[J].沙漠与绿洲气象,2020,14(2):111-115.

[153] 马淑红,马韫娟.我国高铁强风灾害对策研究[J].中国科技信息,2013,4:97-99.

[154] Carrarini A. Reliability Based Analysis of the Cross-Wind Stability of Railway Vehicles[J]. Journal of Wind Engineering and Industrial Aerodynamics, 2007, 95(7):493-509.

[155] S Sanquera, C Barrea, M D Virela, et al. Effect of Cross Winds on High-speed Trains: Development of a New Experimental Methodology[J]. Journal of Wind Engineering and Industrial Aerodynamic, 2004, 92(7):535-545.

[156] M Suzuki, K Tanemoto, T Maeda. Aerodynamic Characteristics of Train/vehicles under Cross Winds[J]. Journal of Wind Engineering and Industrial Aerodynamics, 2003, 91(1): 209-218.

[157] 吴增茂,孙士才.近海工程环境应用中各种风资料的平均时间分析[J].海岸工程,1995,14(3):8-12.

[158] A S Weigend, G Gershenfeld. Time Series Prediction: Forecasting the Future and Understanding the Past[M]. Proceedings of the NATO Adavanced Research Workshop on Comparitive Time Series Analysis, 1993.

[159] 朱亮.高速铁路大风环境行车预警技术研究[J].铁道运输与经济,2018,40(12):76-82.

[160] 中国铁路总公司运输局.高速铁路自然灾害及异物侵限监测系统铁路局中心系统暂行技术条件:铁总运[2015]35 号[A].北京:中国铁路总公司运输局,2015.

[161] Y Jiang, G Huang. Short-term wind speed prediction: Hybrid of ensemble empirical mode decomposition, feature selection and error correction[J]. Energy Conversion and Management, 2017, 144: 340-350.

[162] S Sun, H Qiao, Y Wei, et al. A new dynamic integrated approach for wind speed forecasting[J]. Applied Energy, 2017, 197: 151-162.

[163] S W Fei. A hybrid model of EMD and multiple-kernel RVR algorithm for wind speed prediction[J]. International Journal of Electrical Power and Energy Systems, 2016, 78: 910-915.

[164] Y Jiang, G Huang, X Peng, et al. A novel wind speed prediction method: Hybrid of correlation-aided DWT, LSSVM and GARCH[J]. Journal of Wind Engineering and Industrial Aerodynamics, 2018, 174: 28-38.

[165] C Yu, Y Li, M Zhang. Comparative study on three new hybrid models using Elman Neural Network and Empirical Mode Decomposition based technologies improved by Singular Spectrum Analysis for hour-ahead wind speed forecasting[J]. Energy Conversion and Management, 2017, 147:

75-85.

[166] T Peng, J Zhou, C Zhang, et al. Multi-step ahead wind speed forecasting using a hybrid model based on two-stage decomposition technique and AdaBoost-extreme learning machine[J]. Energy Conversion and Management, 2017, 153:589-602.

[167] C Yu, Y Li, M Zhang. An improved Wavelet Transform using Singular Spectrum Analysis for wind speed forecasting based on Elman Neural Network[J]. Energy Conversion and Management, 2017, 148:895-904.

[168] A Tascikaraoglu, M Uzunoglu. A review of combined approaches for prediction of short-term wind speed and power[J]. Renewable and Sustainable Energy Reviews, 2014, 34:243-254.

[169] J Wang, Y Song, F Liu, et al. Analysis and application of forecasting models in wind power integration: A review of multi-step-ahead wind speed forecasting models[J]. Renewable and Sustainable Energy Reviews, 2016, 60:960-981.

[170] J Jung, R P Broadwater. Current status and future advances for wind speed and power forecasting[J]. Renewable and Sustainable Energy Reviews, 2014, 31:762-777.

[171] J Hu, J Wang, L Xiao. A hybrid approach based on the Gaussian process with t -observation model for short-term wind speed forecasts[J]. Renewable Energy, 2017, 114:670-685.

[172] J Chen, G Zeng, W Zhou, et al. Wind speed forecasting using nonlinear-learning ensemble of deep learning time series prediction and extremal optimization[J]. Energy Conversion and Management, 2018, 165:681-695.

[173] J Wang, Y Li. Multi-step ahead wind speed prediction based on optimal feature extraction, long short term memory neural network and error correction strategy[J]. Applied Energy, 2018, 230:429-443.

[174] N E Huang, Z Shen, S R Long, et al. The empirical mode decomposition and the Hilbert spectrum for nonlinear and non-stationary time series analysis

[J]. Proc. R. Soc. Lond. Ser. Math. Phys. Eng. Sci. ,1998,454:903-995.

[175] Q Dong,Y Sun,P Li. A novel forecasting model based on a hybrid processing strategy and an optimized local linear fuzzy neural network to make wind power forecasting: A case study of wind farms in China [J]. Renewable Energy,2017,102:241-257.

[176] T Niu, J Wang, K Zhang, et al. Multi-step-ahead Wind Speed Forecasting Based on Optimal Feature Selection and a Modified Bat Algorithm with the Cognition Strategy[J]. Renewable Energy,2017,118:213-229.

[177] D Wang,H Luo,O Grunder,et al. Multi-step ahead electricity price forecasting using a hybrid model based on two-layer decomposition technique and BP neural network optimized by firefly algorithm [J]. Applied Energy, 2017, 190:390-407.

[178] H Liu,H Q Tian,Y F Li. Comparison of new hybrid FEEMD-MLP,FEEMD-ANFIS, Wavelet Packet-MLP and Wavelet Packet-ANFIS for wind speed predictions[J]. Energy Conversion and Management,2015,89:1-11.

[179] G B Huang,Q-Y Zhu,Chee-Kheong Siew. Extreme learning machine: Theory and applications[J]. Neurocomputing,2006,70:489-501.

[180] L L C Kasun, H Zhou, G B Huang, et al. Representational Learning with Extreme Learning Machine for Big Data,IEEE Intelligent Systems,2013,28(6):31-34.

[181] X Shi, Z Chen, H Wang, et al. Convolutional LSTM network: A machine learning approach for precipitation nowcasting [J]. Advances in Neural Information Processing Systems,2015,28:802-810.

[182] P Kim,D Lee,S Lee. Discriminative context learning with gated recurrent unit for group activity recognition[J]. Pattern Recognition,2018,76:149-161.

[183] E Tsironi,P Barros,C Weber,et al. An analysis of Convolutional Long Short-Term Memory Recurrent Neural Networks for gesture recognition [J]. Neurocomputing,2017,268:76-86.

[184] S Oehmcke, O Zielinski, O Kramer. Input quality aware convolutional LSTM networks for virtual marine sensors [J]. Neurocomputing, 2018, 275: 2603-2615.

[185] L Ding, W Fang, H Luo, et al. A deep hybrid learning model to detect unsafe behavior: Integrating convolution neural networks and long short-term memory [J]. Automation in Construction, 2018, 86: 118-124.

[186] L Li, K Jamieson, G DeSalvo, et al. Hyperband: Bandit-Based Configuration Evaluation for Hyperparameter Optimization. ICLR, 2017.

[187] 王兆军,张军,朱春花,等. 南疆列车倾覆事故的动力学因素分析[J]. 力学与实践,2007(05):87-89.

[188] 宋建洋,柳艳香,田华,等. 我国高速公路大风灾害风险评估与区划研究[J]. 公路,2018,63(12):182-187.

[189] 刘真真. 区域气象灾害风险评价体系研究[D]. 青岛:中国石油大学(华东),2015.

[190] 刘敬辉,戴贤春. 高速铁路运营安全风险分析及管理方法的探讨[J]. 中国铁路,2013(03):8-11.

[191] 秦力,冯海龙. CRH 型动车组紧急制动与最大常用制动的比较及应用[J]. 郑铁科技,2013(03):2-4+49.